流域梯级坝群风险分析
理论和方法

朱延涛　顾冲时◎著

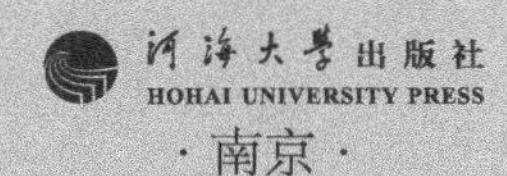
河海大学出版社
HOHAI UNIVERSITY PRESS
·南京·

图书在版编目(CIP)数据

流域梯级坝群风险分析理论和方法/朱延涛,顾冲时著. -- 南京：河海大学出版社,2023.11
ISBN 978-7-5630-8500-2

Ⅰ. ①流… Ⅱ. ①朱… ②顾… Ⅲ. ①梯级水库—大坝—风险分析 Ⅳ. ①TV62

中国国家版本馆 CIP 数据核字(2023)第 212604 号

书　　名/流域梯级坝群风险分析理论和方法
LIUYU TIJI BAQUN FENGXIAN FENXI LILUN HE FANGFA
书　　号/ISBN 978-7-5630-8500-2
责任编辑/金怡
特约校对/张美勤
封面设计/张育智　吴晨迪
出版发行/河海大学出版社
地　　址/南京市西康路 1 号(邮编:210098)
电　　话/(025)83737852(总编室)　(025)83722833(营销部)
经　　销/江苏省新华发行集团有限公司
排　　版/南京月叶图文制作有限公司
印　　刷/广东虎彩云印刷有限公司
开　　本/710 毫米×1000 毫米　1/16
印　　张/13
字　　数/229 千字
版　　次/2023 年 11 月第 1 版
印　　次/2023 年 11 月第 1 次印刷
定　　价/79.00 元

序

为了更好地利用水力资源，充分发挥水工程的各项功能效益，以满足社会发展的各类需求，流域的梯级开发应运而生。21 世纪初，我国在原 10 个大型水电基地的基础上，增加东北、黄河干流和怒江水电基地，规划建设十三大水电基地。目前，十三大水电基地基本得到大规模开发利用，形成梯级坝群，在协调水资源综合利用矛盾的同时，利用上下游水头差，削峰填谷，提高水资源的利用率，给国民经济和社会发展带来了巨大的效益，由梯级坝群构成的流域防洪工程体系也保障着区域社会稳定与发展。

流域梯级坝群发挥防洪、发电等综合效益的同时，也存在各种潜在风险。随着时间的推移，大坝将不可避免地出现性能劣化、坝体开裂、渗漏等现象，加上地震、暴雨、洪水等无法预料的外界因素的影响，流域梯级坝群系统的失效风险大大增加。对于一个流域梯级坝群系统，系统内各个大坝工程防洪标准不同，同时由于坝型多样，工程所处环境差异也较大，这些因素导致系统内不同工程的安全性存在较大差别，且各梯级水库大坝地理位置相对较近，彼此之间水力联系较为紧密，各梯级之间的相互影响也十分显著，流域梯级坝群一旦失事将造成毁灭性的灾难。因此，梯级坝群的运行安全与风险防控成为当今坝工安全领域面临的重要挑战。

在这一背景下，朱延涛博士等所著《流域梯级坝群风险分析理论和方法》一书填补了梯级坝群风险防控领域的空白，为读者提供了一本期待已久的作品。本书的独特之处在于其系统全面的内容。本书不仅包括了风险分析的各个方面，如风险概率分析模型、风险后果评估方法，还涵盖了风险效应模式、风险综合评估模型等内容，具备了一定的完整度和深度。此外，本书内容新颖，如第四章中的风险链式效应分析和失效路径挖掘，第五章的失效概率可靠度估算方法、混合因果逻辑模型及实测资料估算方法，第六章中有关生命损失、经济损失、社会环境影响等的风险后果评估，第七章中对流域梯级坝群风险状态综合评估方法的探索等，都是前沿领域中的新成就(包括作者们的努力)。最令人欣慰的是，本书并非纯理论探讨，而是通过实际工程案例，对主要方法进行了引证，具有极高的实用性。因此，本书不仅具有较高的学术水平，更具有重要的实践意义。

在这样一个崭新的发展领域，涉及的又是如此复杂的课题，朱延涛博士和他的同事们无疑已迈开了重要的一步。我深信本书的问世必将对这个科技课题起到良好的推动作用，我也深信作者们一定乐意听取广大读者所提出的一切意见和问题，进而把这一研究推向新的高度。

我认识作者多年，看到了他的成长，也见证了他为水工程安全监控与风险防控领域所做的贡献，故以为序。

中国工程院院士

钮新强

2023 年 10 月

前言

水电能源是世界公认的清洁、优质、可再生能源，是实现“碳达峰，碳中和”目标的最佳能源之一。水电站作为水电开发的重要工程之一，具有防洪、发电、灌溉、供水、航运、生态等多种功能，是调控水资源时空分布、优化水资源配置的重要工程措施，是江河防洪体系不可替代的重要组成部分，是维系国民经济发展的重要基础设施。为了在保障流域防洪安全的同时更好地利用水力资源，充分发挥水电工程的各项功能效益，以满足社会发展的各类需求，流域的梯级开发应运而生。目前，我国的主要河流，如金沙江、长江上游、澜沧江干流、雅砻江、大渡河、怒江、黄河上游、红水河、乌江和黄河北干流河段均已陆续建设许多高坝大库，河流被阶段性截流，形成一系列流域梯级坝群。即从河流的上游到下游，每个河段上建成一个水利工程，形成一系列首尾相连、呈阶梯状分布的水库大坝群。流域梯级坝群在协调水资源综合利用矛盾的同时，利用上下游水头差，削峰填谷，提高了水资源的利用率，给社会和经济发展带来了巨大的效益。

对于流域梯级坝群系统而言，系统内各个大坝工程防洪标准不同，同时由于坝型多样、特征不同，所在环境存在较大差异，系统内不同工程的安全性存在较大差别，且坝群中各大坝地理位置相对较近，彼此之间水力联系较为紧密，各大坝之间的相互影响也十分显著，这使得影响梯级坝群安全的风险因素极为复杂。而当下我国的大坝设计标准和规范也是在将每座大坝视为独立个体的条件下制定的，未考虑上下游大坝之间风险的传递与影响。实际上，梯级坝群中某一风险因素引起的风险事故将传递影响整个坝群系统，甚至会产生类似多米诺骨牌的连锁效应，使下游发生累积、叠加效应，从而导致整个梯级坝群失效。这些都是以往研究没有涉及的内容。且梯级坝群一旦失事，带来的后果将远远大于单个工程失事，将造成毁灭性的灾难。因此，开展流域梯级坝群风险评估并制定相应的安全管理措施，以保障流域系统的安全，是水工程安全领域所面临的严峻课题。因此，开展流域梯级坝群风险分析研究，对于客观评价流域梯级坝群风险，保障工程安全具有重要的理论意义和实用价值，也可为同类工程进行系统性的风险评估提供借鉴和参考。

全书共分7章。第1章绪论，扼要介绍本书内容。第2章流域梯级坝群风险分析理论基础，论述了流域梯级坝群特征以及流域梯级坝群风险，建立了流域梯级坝群风险分析体系。第3章流域梯级坝群风险量化分析，探讨了大坝失事规律及模式，对流域梯级坝群风险进行了分类，并提出了流域梯级坝群风险度量方法。第4章流域梯级坝群风险链式效应分析及失效路径挖掘方法，论述了流域梯级坝群风险效应及传递模式，进而建立了流域梯级坝群风险链式效应分析模型，提出了流域梯级坝群风险可能失效路径识别方法和主要失效路径辨识方法。第5章流域梯级坝群失效概率估算方法，论述了适用于不同场景、不同条件的流域梯级坝群失效概率估算方法，分别提出了流域梯级坝群失效概率可靠度估算方法、基于混合因果逻辑的流域梯级坝群失效概率估算方法以及流域梯级坝群失效概率实测资料估算方法。第6章流域梯级坝群失效后果综合评估方法，论述并建立了流域梯级坝群失效后果综合评估框架，在此基础上，通过对流域梯级坝群失效后果灰色模糊综合评判方法的研究，构建了流域梯级坝群失效后果排序灰色模糊物元分析方法。第7章流域梯级坝群系统风险综合评估方法，论述了流域梯级坝群系统脆弱性评估模型与风险矩阵评估方法，提出了流域梯级坝群风险综合评估方法。

本书内容主要来自作者读博期间的研究成果和近年来完成的多个科研项目成果，工程应用部分主要来自雅砻江流域相关科研项目的研究成果。在研究期间，河海大学吴中如院士、郑东健教授、苏怀智教授、包腾飞教授、陈波教授、赵二峰教授、顾昊副教授、郑雪琴博士、宋锦焘博士、朱凯博士、戴波博士、伏晓博士、胡雅婷博士、张康博士、黄梦婧硕士、陈悦硕士、杨大山硕士、张智端硕士、李波硕士、史佳枫硕士等，长江设计集团胡中平正高、陈尚法正高、谭界雄正高、卢建华正高、王秘学正高、刘加龙正高等，南京水利科学研究院蔡跃波正高、盛金保正高等给予作者许多指导、建议，同时本书在撰写过程中参考了有关书籍、文献，在此向这些专家学者表示衷心的感谢！

本书的研究工作得到国家自然科学基金青年项目(52309152)、江苏省科技计划专项资金(基础研究计划自然科学基金)青年基金项目(BK20220978)、中央高校基本科研业务费专项资金项目(B230201013)、国家大坝安全工程技术研究中心开放基金(CX2023B03)的支持,在此表示感谢。

由于作者水平和经验有限,书中的谬误与不足之处在所难免,敬请同行和读者批评指正!

目录

第一章

绪　论

1.1　研究的目的和意义

水电能源是世界公认的清洁、优质、可再生电力能源。美国、澳大利亚等发达国家优先开发水电资源，并于 20 世纪 80 年代基本完成其水能资源开发任务[1]。水电工程具有防洪、发电、灌溉、供水、航运、保护生态等多种功能，是调控水资源时空分布、优化水资源配置的重要工程措施，是江河防洪体系不可替代的重要组成部分，是维系国民经济发展的重要基础设施[2-3]。我国大陆水力资源理论蕴藏量达 6 亿 kW，技术可开发装机容量达 5.4 亿 kW，经济可开发装机容量达 4 亿 kW，位居世界第一。1949 年以前，我国水电装机总容量不过 36 万 kW。自 1949 年中华人民共和国成立以来，我国的水电建设事业突飞猛进，至今已建成各类水库大坝 9.8 万余座，在国民经济发展与社会稳定等方面发挥了显著作用[4-7]。近年来，随着三峡、小湾、锦屏、水布垭、二滩、向家坝、溪洛渡、糯扎渡等一系列高坝大库的建成与投产，我国水电建设取得了突破性的发展与举世瞩目的成就。如图 1.1.1 所示，截至 2020 年底，我国水电装机容量已突破 3.7 亿

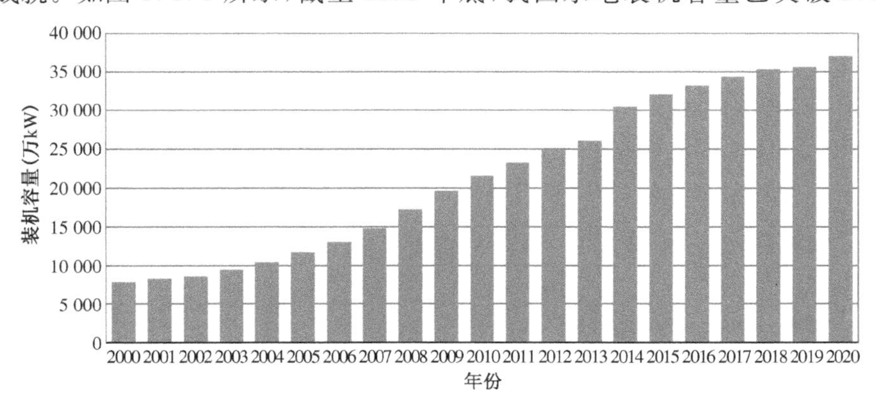

图 1.1.1　我国水电装机容量增长过程

kW，约占世界水电装机总量的 1/4。按我国水电发展远景规划，水电开发还具有巨大的潜力[8-9]。

为了更好地利用水力资源，充分发挥水电工程的各项功能效益，以满足社会发展的各类需求，流域的梯级开发应运而生。21 世纪初，我国在原电力工业部提出的集中建设十个大型水电基地的基础上，进一步增加了东北、黄河干流和怒江三个水电基地，统筹规划建设十三大水电基地[10]。目前，十三大水电基地基本得到大规模开发利用，形成流域梯级坝群。即从河流的上游到下游，每个河段上建成的水电工程，形成一系列首尾相连、呈阶梯状分布的水库、大坝与水电站群。流域梯级坝群在协调水资源综合利用矛盾的同时，利用上下游水头差，削峰填谷，提高了水资源的利用率，给社会和经济发展带来了巨大的效益。

在流域梯级坝群发挥防洪、发电等综合效益的同时，也存在各种潜在风险。随着时间的推移，大坝将不可避免地出现性能劣化、坝体开裂、渗漏等现象，地震、暴雨、洪水等无法预料的外界因素的影响，加大了流域梯级坝群系统的失效风险[11-13]。对于一个流域梯级坝群系统，系统内各个大坝工程防洪标准不同，同时由于坝型多样，所在环境差异较大，导致系统内不同工程的安全性存在较大差别，且各梯级水库大坝地理位置相对较近，彼此之间水力关系较为紧密，各梯级之间的相互影响也十分显著，流域梯级坝群一旦失事将造成毁灭性的灾难。1975 年，受到台风“莲娜”影响引发的暴雨形成特大洪水，导致板桥、石漫滩等六十余座水库大坝失事，造成了巨大的生命与财产损失，河南省近 30 个县市、约 1 100 万人受灾，造成直接经济损失近百亿元[14-17]。因此，保障流域梯级坝群系统安全，是坝工安全领域所面临的严峻课题。

综上所述，流域梯级坝群的运行安全事关流域沿岸人民群众生命财产和社会公共安全，对其进行失效概率估计并以此为基础制定风险管控措施，是确保流域安全的前提和关键。但流域梯级坝群风险存在传递效应，传统的单座水库大坝失效概率估算理论和方法不适合流域梯级坝群风险的评估。探究流域梯级坝群风险传递及作用效应模式，开展梯级水库大坝群风险分析研究，对于客观评价流域梯级坝群风险，保障工程安全具有重要的理论意义和实用价值。

1.2 国内外研究现状

本书在研究流域梯级坝群风险分析理论和方法时，涉及风险分析、风险因素挖掘、风险链式效应分析、失效路径辨识、失效概率估算、失效后果、风险评估等理论及方法，本节对上述理论和方法的研究现状进行分析和总结。

1.2.1　流域梯级坝群风险分析研究进展

在群坝风险分析研究方面，澳大利亚处于世界领先水平，澳大利亚大坝委员会提出，群坝的风险管理需要以单个大坝的风险管理为基础，通过比较单座大坝安全评价结果，确定群坝最优风险决策方案，从而降低坝群系统的整体风险[18]。群坝的风险评价流程如图 1.2.1。

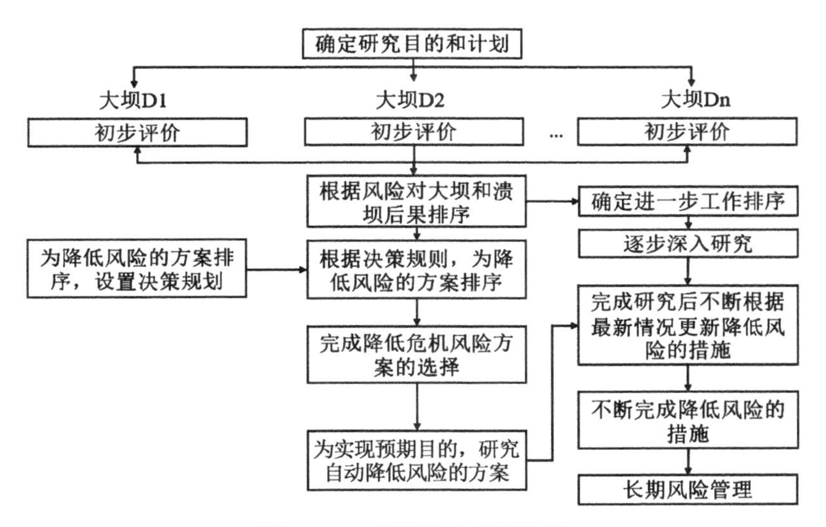

图 1.2.1　群坝风险评价流程

美国的 Bowles 教授团队[19-23]开展了系列研究，提出在进行单座大坝风险分析的基础上，可以对一个管理范围内大坝群的风险分析结果进行评价，从而确定各个坝加固排序以及加固资金流向，并提出了降低大坝群风险的经济策略；美国陆军工程师团的 Hagen[24]综合考虑漫顶风险和结构风险，提出了相对风险指数的概念，用于对大坝风险程度的度量，并通过专家对各个评价因素的打分结果得到相对风险指数，由此对大坝群系统风险进行分析；葡萄牙学者[25]提出了基于综合风险指数进行群坝风险分析的方法，该方法将环境、溃坝损失、工程结构三个方面的 11 项风险因素细分为 5 个等级，经专家打分和各因素加权处理后得到大坝的综合风险指数，据此评估坝群的风险；Tosun 等[26-27]分别对土耳其境内幼发拉底河流域 32 座大坝和克孜勒厄尔马克流域 36 座大坝的风险性进行了评估，考虑地震危险性和大坝自身风险，将大坝风险划分为高、中、低三个等级，以此为基础提出了15座高风险大坝除险的建议；Srivastava 等[28]对印度 Kachchh 地区的4座土石坝进行了风险评价，并进行了非线性耦合动力计算，分析了每座大坝的地震反应，由此对4座大坝的风险进行了评估。

近年来，我国对流域梯级坝群风险分析理论方面的研究也逐渐重视起来，开展了一系列相关研究，取得了一些有价值的研究成果，主要包括群坝除险加固排序、风险等级划分、梯级库群的设计安全等方面[29-35]。严祖文等[36]提出了群坝除险加固排序方法以及单座大坝的风险要素排序方法；李浩瑾[37]结合模糊 C 均值与人工蜂群算法，建立了群坝聚类模型，并以汶川地震造成的22处堰塞湖和48座震损水库为对象，进行了风险聚类分析，划分了群坝中各大坝的风险等级，为除险加固决策提供了依据；杨国华等[38]从安全性、耐久性和失效概率的角度，构建了水利工程安全风险评估体系，对塔里木河流域中的水利工程进行了风险评估，并制定了相应的应急管理预案；傅琼华等[30]提出以安全风险、溃坝损失和对水库综合影响三类影响因素之积定义水库风险评估指数，并依据风险指数的高低评定了江西省内中小型水库群的风险程度，提出了除险加固的顺序；蔡文君[39]分别从风险致因和风险概率的角度，对梯级水库群系统中的薄弱性工程进行了识别，通过贝叶斯模型估算了库群的失效风险率，在此基础上，从水库安全标准和生命风险损失度两方面评价了梯级水库群系统的整体风险；雷建成等[40]考虑梯级中相邻大坝的附加危险性，提出了梯级坝群地震危险性评价方法，由此对大渡河流域梯级坝群的抗震安全性进行了评估；周建平等[41-43]对梯级大坝群设计安全标准展开了研究，分别从理论基础和等级标准、大坝坝坡稳定安全标准和梯级库群连溃风险三个方面进行深入分析，并结合工程实际进行验证，为我国现有水电工程设计规范标准的完善提供了技术支持；徐佳成等[44]研究了单个大坝现有的水电行业标准与梯级库群相应标准间的差异，以此为基础，探究了梯级坝群与单座大坝风险分析的差别，并提出了评价梯级坝群风险的方法；江新等[45]构建了大坝群安全评价指标体系，研究了大坝间协同运作机理和方式，采用 ANP 法确定各个时段安全应急指标的权重，并基于 TOWA-TOWGA 混合算子确定了综合应急预防及响应两个阶段的评价值，根据综合分析结果判断目标大坝群整体的运行状况；李超等[46]在对单座大坝进行风险评估的基础上，以某区域的大坝作为分析对象，进行了群坝风险分析研究，提出了相应的除险加固策略;李娜等[47]提出了基于 Vague 集理论的流域大坝群风险评估方法,并综合某实际工程,验证了该方法的有效性;王勇飞等[48]考虑梯级坝群所处的地理区域、行政辖区和环境空间,构建了流域梯级坝群运行安全风险管控模型,并应用于大渡河流域梯级电站群风险管理。

总体而言,目前对流域梯级坝群风险分析的研究仍处于探索性阶段,尚未形成完整的理论和方法体系,而单座大坝的风险分析方法难以直接用于流域梯级坝群的风险分析,因此需对此展开进一步研究。

1.2.2 流域梯级坝群风险因素分析方法研究进展

对流域梯级坝群的风险因素进行挖掘,是进行风险分析的第一步。与单座大坝风险因素相比,流域梯级坝群风险因素往往存在传递过程和叠加效应,种类更多、识别更加复杂、灾害链更长、影响范围也更大。国内外众多组织、学者对大坝风险因素进行过分类[49-55],结合 1954 年至 2018 年的我国溃坝情况统计(表 1.2.1),溃坝致因可进一步归纳为环境因素、工程因素和人为因素三大类。

表 1.2.1 1954—2018 年我国溃坝致因统计

分类	溃坝原因	所有溃坝		运行中溃坝	
		溃坝数(座)	比例(%)	溃坝数(座)	比例(%)
漫顶	超标准洪水	469	13.24	335	13.77
	泄洪能力不足	1 350	38.12	834	34.28
质量问题	稳定问题	126	3.56	98	4.03
	渗流问题	909	25.67	731	30.05
	工程缺陷	285	8.05	167	6.86
管理不当	超蓄	42	1.19	34	1.40
	维护运用不良	63	1.78	31	1.27
	溢洪道未及时拆除	15	0.42	11	0.45
	无人管理	51	1.44	38	1.56
其他	库区或溢洪道塌方	67	1.89	51	2.10
	人工扒坝	81	2.29	58	2.38
	工程设计布置不当	21	0.59	14	0.58
	上游垮坝	5	0.14	2	0.08
	其他	8	0.23	4	0.16
原因不详		49	1.39	25	1.03
合计		3 541	100	2 433	100

1.2.2.1 流域梯级坝群风险环境因素分析研究进展

流域梯级坝群风险的环境因素以洪水与地震为主，而关于流域梯级坝群系统内存在直接的水力联系，国内外学者将研究重点集中在洪灾风险的分析上。Todorovic 等[56-57]基于极值理论，建立了非同分布随机变量的 POT 分析模型，分析了周期性洪水的风险变化情况；Thompson 等[58]分别采用事件树法、Monte Carlo 抽样法、拉丁超立方抽样法、重要抽样法以及解析 Monte Carlo 法计算了大坝在洪水荷载下的风险；Bicak 等[59]通过考虑降雨、集水面积等不确定风险因素，对 Yesilirmak 水库的坝址进行了优选分析；Cheng[60]考虑了水文和水力的不确定性，计算了大坝漫坝失效风险；Gui 等[61]综合运用随机场模拟、边坡稳定性分析和渗流分析方法，探究了渗透系数对大坝边坡稳定性的影响；姜树海等[62-64]研究了调洪演算方程，提出了库水位变化过程概率密度分布的求解方法，建立了基于随机模糊性的大坝漫坝失事风险分析模型，并进一步表征出大坝的防洪能力；梅亚东等[65]考虑水文、水力的不确定性和调洪起始水位、调洪规则的可选择性，构建了多种风险因素耦合作用下大坝防洪风险分析模型；谢崇宝等[66]研究了水文、水力不确定性参数的分布，提出了水库防洪风险各参数的确定方法，构建了水库防洪风险率分析模型；莫崇勋等[67]考虑洪水与风浪联合作用效应，构建了土石坝漫坝风险分析模型；许唯临[68]考虑了各梯级坝前水深、大坝间距、河道坡度等因素，综合研究了梯级系统中溃坝洪水的演进过程与演化规律。

1.2.2.2 流域梯级坝群风险工程因素分析研究进展

关于工程因素方面的研究，国内外学者主要围绕着溃坝的致因分析与识别方法两个方面展开了研究，目前已取得一定成果。Flemperiere、马永锋、刘杰等学者[69-76]通过对国内外大坝溃坝事故的统计分析，认为导致大坝失事的主要原因有泄流能力不足、坝基强度破坏、渗流破坏、地震破坏以及筑坝质量差等，并综合考虑坝型、运行条件的差异等影响，针对性地提出可能出现风险事件的处理措施，由此保障大坝服役安全。在风险工程因素识别方面，钟登华等[77-78]针对水利水电工程的复杂性，运用层次分析法和网络分析法对各风险因素进行量化分析，进而识别出关键的风险因素；吴中如等[79]针对重大病险水利水电工程的特点，融合层次分析法和遗传算法，对某水电站病坝进行了风险分析，挖掘出了影响其安全运行的主要风险因素；马福恒等[80]根据大坝溃坝资料的统计分析结果，研究了土石坝的主要风险因素与失效模式，由此建立了土石坝的风险预警指标体系;周建方等[81]运用贝叶斯网络,对大坝进行了风险分析,并基于双向推理理论,提出了识别大坝薄弱环节的方法。谢赤等[82]采用工作分解结构法,对水利水电项目的关键风险因子进行了识别。

1.2.2.3 流域梯级坝群风险人为因素分析研究进展

早期大坝风险评估的相关研究主要是关于洪水、地震等环境因素以及大坝工程本身力学性能变化、抗震能力等工程因素造成大坝失效及溃坝的机理和原因的研究,对大坝风险人为因素方面的研究十分匮乏。近年来,国内外学者对人为因素方面的研究逐渐重视起来,在 2016 年美国大坝安全年会中,提出了"大坝溃决和事故都可归结于人的原因"的概念。从流域梯级坝群整体系统的角度来看,人为因素是十分重要、不可忽视的一种因素,因此对其进行人因可靠性分析就尤为重要。

人因可靠性分析(Human Reliability Analysis, HRA)起源于二十世纪五十年代。1952 年美国桑迪亚国家实验室对武器系统可行性研究的报告中,首次引入人因失误对武器装备可靠性影响的概念,并对人因失误概率[83-84]进行了评估。广义上人因可靠性分析是指综合运用系统学、认知学、概率学、行为学等理论方法,结合人的行为特征与响应机制,通过对人的可靠性进行不同层面的定性与定量分析,以预测与预防人因失误及其潜在事故的发生[85-88]。根据目的的不同,人因可靠性分析技术可分别用于寻找人因失误致因的回溯性分析以及预防人因失误发生的预测性分析。人因失误的回溯性分析,主要目的是找到造成人因失误的致因,实现从源头上减少或消除人因失误,防止其重复发生,相应地提升了人因可靠性,进而提高人所处系统的整体可靠性;对人因失误的预测性分析,是对人所处的情境环境进行挖掘,找出可能诱发人因失误的因素,预测可能发生的人因失误,并估算其发生概率,再结合该类人因失误可能对系统安全造成的影响程度,综合分析该类人因风险的危害性,从而提出相应的干预措施来防止可能失误的发生[89-90]。综上,图 1.2.2 中给出了人因可靠性分析的基本流程。

国外对人因可靠性的研究起步较早,主要围绕核电[91]、武器系统[92]、航空航天等[93]领域开展,并自二十世纪六十年代初第一种人因可靠性分析方法[94]提出至今,已发展出数十种常用的人因可靠性分析方法(见图 1.2.3)。根据人因可靠性分析方法发展的时间进程可划分成三代人因可靠性分析方法。第一代人因可靠性分析方法有:人的失误率预测技术(THERP)[95]、成功似然指数法

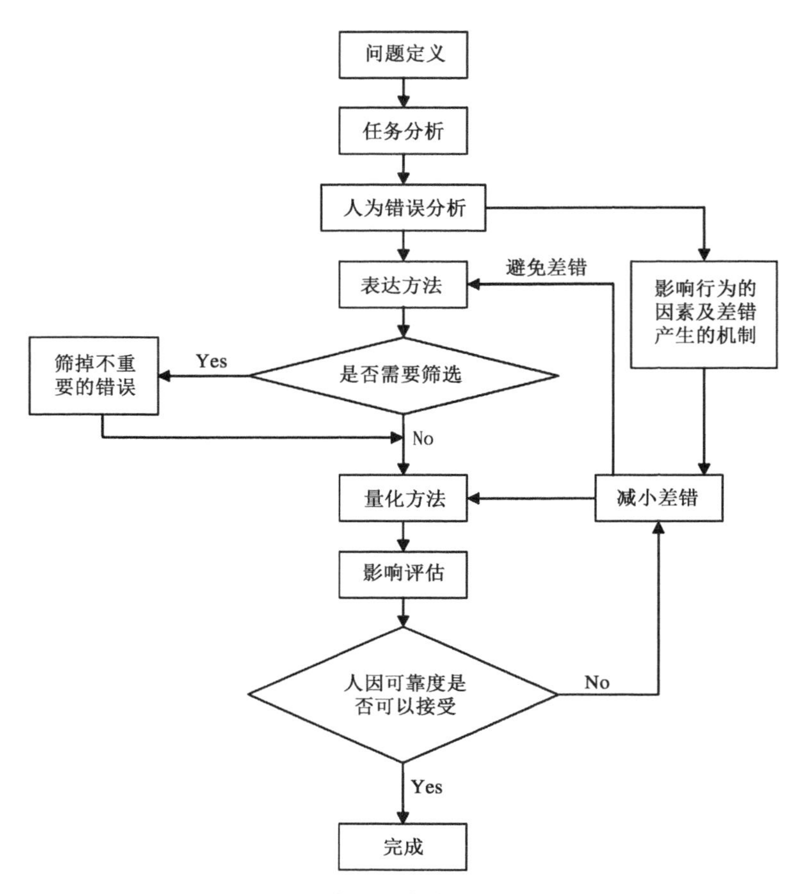

图 1.2.2　人因可靠性分析的流程图

(SLIM)[96]、人的认知可靠性(HCR)[97]、人误评价与减少技术(HEART)[98];第二代人因可靠性分析方法有:认知可靠性和失误分析方法(CREAM)[99]、人误分析技术(ATHEANA)[100];第三代人因可靠性分析方法有:操纵员-电厂仿真模型(OPSIM)[101],认知仿真模型(COSIMO)[102],班组情境下的信息、决策和行为响应模型(IDAC)等[103]。此外,也可根据人因可靠性分析方法本身的特征进行划分,如依据人因可靠性分析方法的动态性进行划分、对情景环境因素考虑程度进行划分和对数据的来源进行划分,如图 1.2.3 所示。

在我国,对人因可靠性的研究始于 20 世纪 90 年代。张力等[104-105]学者长期致力于人因可靠性的研究,揭示了人的失误心理学分类机制,构建了动态认知可靠性模型,提出了失误原因的认知心理学分析方法,并将研究成果应用于核电

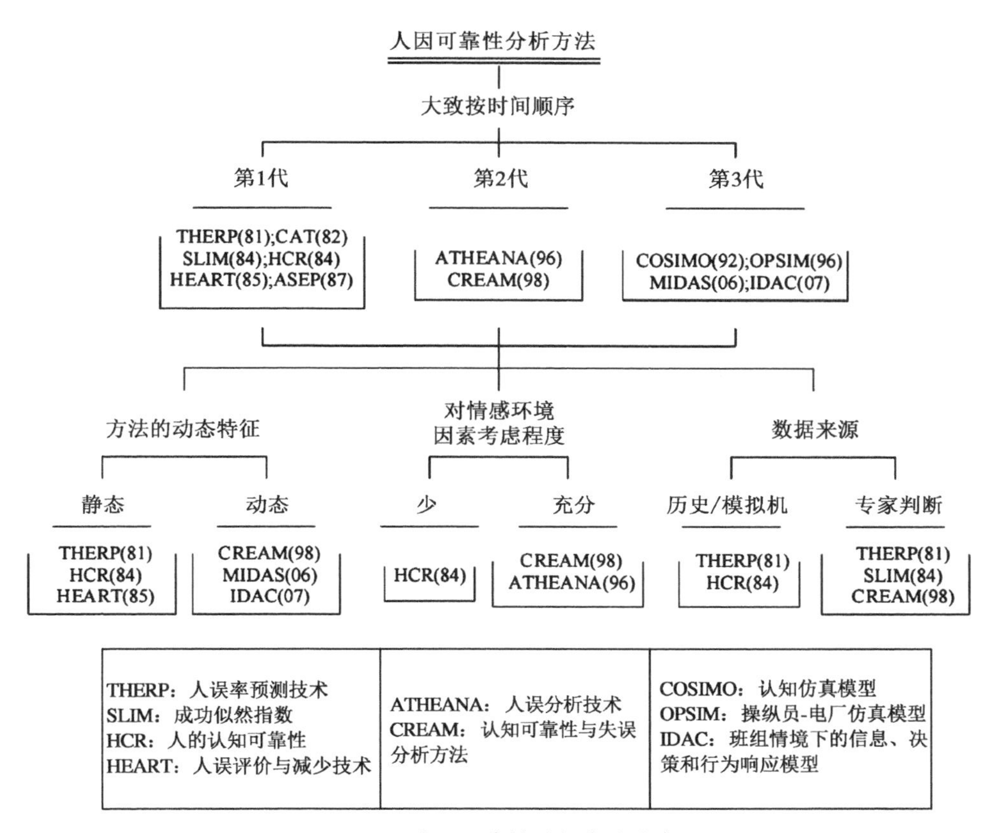

图 1.2.3　人因可靠性分析方法分类图

厂。在军工领域中，韩锐[106]挖掘了导弹保障系统中人因失误的定义及致因，并对导弹保障系统的人因可靠性进行了分析。在海洋工程领域中，柴松等[107]结合CREAM 中的共同绩效条件与海洋工程的特点进行分析，提出了一种简化的人因失误概率（HEP）计算方法，再结合 CREAM 的控制模式，实现对海洋工程人因可靠性的模拟。在煤矿业中，王丽莉[108]应用人因工程学理论中的“人-机-环境”模型对矿山事故进行挖掘，建立了矿山事故的 FTA 分析模型。在铁路系统领域中，戢晓峰等[109]对铁路员工行为影响因子进行了挖掘，提出了影响因子识别方法，建立了铁路人因事故分析模型。在航空领域中，李海峰等[110]研究了空中交通管制中人因可靠性的影响因素，结合全决策树分析方法，提出了空中交通管制人因可靠性分析方法。在石油工业领域中，郑贤斌[111]从精确性、可靠性和稳健性等角度，分析了油气长输管道工程人因可靠性分析技术的有效性，并结合了故障树法、概率影响图法以及SAM(System-Action-Management)方法，对当前研究中的不足与问题进行了分析与优化。在水利工程领域中，厉丹丹等[112]提出了将人因可靠性理论引入到大坝风险分析中的建议，并探索性地提出了大坝风险分析中人因可靠性的分析方法。

对流域梯级坝群进行人因可靠性研究的目标是为了找出可能导致整体可靠性降低的人为诱因，并进一步对此提出针对性的控制措施，以确保流域梯级坝群的整体安全。目前，人因失误引起的流域梯级坝群风险的研究尚处于初步探索阶段。如何科学认知流域梯级坝群风险中人因失误的作用机制和影响程度，准确掌握人因失误模式，通过合适的量化方法对其进行表征，并针对可能发生的人因失误给出相应控制措施，这些方面还有待进一步研究。

1.2.3 流域梯级坝群风险链式效应分析方法研究现状

传统大坝风险分析是对某一静态下大坝的风险进行“识别—估计—分析—管理”。在实际中，大坝的绝大部分风险并不是静止不变的，不同风险之间也不是完全不相关的，而是不断进行相互传递，形成一个动态的风险网络[113-114]。流域梯级坝群中各单元大坝受水力联系，存在明显的链式结构，风险在流域梯级坝群系统内会沿着各链式结构传递并影响梯级坝群。

目前，国外学者对于风险传递方面的研究与应用主要集中在工业和经济领域。Khadaroo[115]针对英国公立中小学，通过统计分析方法，评估了公私合作模式对转移风险的有效性；Shrestha等[116]以澳大利亚和中国的三个废水处理厂为研究对象，探讨了公私合作模式下的风险转移模式；Guerra等[117]综合运用分位数风险度量方法，对保险公司赔偿的风险转移决策进行了探讨；Shen等[118]通过对美国石油和天然气价格的多元回归统计分析，揭示了石油市场风险向天然气市场传递转移的机制。

在国内，华北电力大学李存斌团队[119-120]率先对项目风险传递进行了研究，已初步形成了项目风险元传递理论。在此基础上，Li等[121-122]结合多项目结构内部风险元传递模型，对多个施工项目的资源供应链展开探究，构建了链式风险元传递模型。此外，国内其他学者将风险传递理论进一步运用到了实际工程管理当中。张永铮等[123]从攻击者角度分析了风险在网络信息系统中的传播，明确风险源、风险传播和风险网络在信息系统中的定义，结合还原论和整体论构建传播算法，从而获取整个网络信息系统的综合风险；朱鲲[124]基于“风险能量泡”理论构建了风险因素、风险事件和风险结果之间的关系模型，实现多风险因素的量化分析，并将研究成果应用于电子商务工程中的敏捷供需链管理，预测供需链协作层的风险传播路径；陆仁强[125]分析城市供水系统的风险传播机理，将供水路径简化为以水源地为起点、以用户为终点的风险链，以风险传播系数表征供水子系统对整个系统的影响程度，建立了城市供水系统的逻辑结构数学模型；赵坤[126]构建了风电建设项目风险元传递和决策模型，设计了一种基于风险元传递的风电建设项目风险管理系统；孙凯[127]研究了智能电网中风险元的传递及应用，表明了风险传递模型对于电网运行和诊断的支持；张志娇等[128]考虑风险的传递性和累积性，针对广东省某流域突发水污染事故，研究了各风险要素间的相互关系，构建了流域水环境风险评估模型；程卫帅等[129]针对洪水致灾的物理过程，综合运用状态转移分析法和蒙特卡罗模拟法，研究了洪灾风险在堤防系统中的传递；聂相田等[130]结合风险元传递理论，构建了区间数层次型风险源传递解析模型，并对大型引水工程施工过程的风险进行了评估；王鑫[131]考虑梯级水库中风险的传递效应，进而对梯级水库洪水漫顶风险进行了度量，并根据结果提出了相应风险处置措施。

由于水利工程风险传递与效应的研究刚刚起步，鲜有学者针对流域梯级坝群风险链式效应进行研究，已有的研究也并未对流域梯级坝群中各单元大坝间存在相互联系的风险动态传递过程开展系统探讨。因此，有必要对流域梯级坝群风险链式效应展开进一步研究。

1.2.4 流域梯级坝群失效路径辨识方法研究现状

对大坝服役过程中潜在风险因子与可能失效路径进行识别，是对其进行风险分析与安全管理的基础。越早识别出可能对大坝产生危害的风险，就可以越早避免或减少大坝所受风险造成的大坝事故及其损失。如何及早发现可能引起大坝失事的潜在风险因子，如洪水超标、地震、坝体及地基缺陷、施工质量、运行管理不善等，进一步挖掘失效路径，从而及时发现可能出现的隐患，并采取相应的措施，是目前大坝安全管理的难点之一。对于流域梯级坝群中单座大坝失效路径的识别，一般需要明确所有可能导致大坝失效的风险因子，建立“风险因子—破坏—溃决”的失事路径集合，通过分析属性指标的影响程度赋予权重，挖掘最有可能的风险因子。目前，国内外学者开展了一系列的相关研究。

Hartford 等[132]分析失事模式与效应之间的关系，基于危害性对大坝失事模式进行排序，寻找最有可能失事的路径；Franck 等[133]构建混凝土坝现场评估专家系统，基于工程知识和推理过程识别大坝潜在失效模式；Patev 等[134]详细列举大坝闸门各种故障事件、故障模式及因果关系，采用事故树法挖掘闸门及相关设备的失事路径；Peyras 等[135]基于专家判断，通过故障类型与影响分析法（FMEA）分析失事模式，结合历史数据建立了大坝失事机制知识数据库，为专家诊断和风险分析提供依据；Zhang 等[136]基于土石坝风险因素之间的关系及其敏感性，结合贝叶斯理论，辨识出土石坝的主要风险因子；严磊[137]基于大坝历史失事案例，提出了改进的区间层次分析法，并开发了大坝风险识别程序，从而对大坝进行风险识别；Zhou 等[138]将区间属性识别理论与改进的熵权法相结合，并基于此方法对大坝失事风险因子进行辨识；Zhang 等[139]基于区间层次分析法和 TOPSIS 方法对土坝进行风险因子的识别；廖井霞[140]结合工程实例，基于土石坝溃坝机理，结合贝叶斯网络方法，分析了大坝风险因素之间的影响，据此对土石坝风险因素进行识别；Goodarzi 等[141]对大坝的不确定因素进行识别并计算了漫顶风险；张振伟等[142]改进了传统潜在失效模式及后果分析方法的不足，基于置信结构和灰色关联度理论，对土石坝失事故障风险进行排序；黄海鹏[143]分析了土石坝失事的原因，运用故障树方法对失事因素进行辨识，并提出粗集理论对失事因素进一步挖掘；葛巍[144]挖掘出了施工时期的土石坝风险路径，基于工作分解结构的风险分解结构方法构建了风险动态评价指标体系，综合运用 Logistic 回归分析理论与专家经验法，对风险因子相对重要性进行了排序；Zheng 等[145]采用模糊层次分析法和交叉熵方法对土石坝主要风险因子进行辨识，考虑了区间未知度对大坝风险因子辨识的影响。

从结构角度来说，流域梯级坝群是由同一流域内的多座大坝按串并联方式连接组成的混合复杂系统。识别流域梯级坝群的失效路径，需要判断风险因子及风险链式效应模式，先明确找出风险在流域梯级坝群内部所有可能的传播路径，再综合考虑系统中各单元大坝的特性、环境荷载和施工管理等影响，进一步确定最有可能的路径，辨识过程较为复杂，目前这方面的研究较少。在其他领域，不少学者开展了复杂系统的风险路径识别方面的研究，可以作部分参考。通过递推算法求解最有可能发生的风险路径。张华一等[146]结合复杂系统的脆性理论，构建了电力系统连锁故障预测模型，搜索电力系统中故障概率较大的线路;刘昊等[147]采用循环搜索和完善搜索实现复杂系统的全面搜索,通过树状结构事故链表征连锁反应事故发生、发展的逻辑过程,求解导致连锁故障事件的最小割集及相应概率;周璟琰[148]研究了综合交通枢纽系统中各风险因素间的相互影响,建立了运营期风险传递路径模型,提出了基于风险因素与路径影响的综合交通枢纽系统中关键路径的辨识方法与优化策略;甘国晓[149]提出考虑风电出力和负荷功率不确定性的连锁故障路径搜索方法,建立了输电线路可靠性模型,并根据风险指标识别出高风险的过载主导型连锁故障路径;曾凯文等[150]针对复杂电网连锁事故的特征,建立了电力系统关键线路评估模型,对电力系统连锁故障过程中的关键线路进行了辨识。

由此可见,虽然流域梯级坝群失效路径的研究较为匮乏,但可以借鉴单座大坝失效路径辨识方法和其他领域中复杂系统的风险路径识别思想,进行进一步的研究。

1.2.5 流域梯级坝群失效概率估算方法研究现状

尽可能准确估算大坝失效概率(或称失事风险率)是风险管理中的关键环节。目前,国内外学者对梯级中单座大坝失效概率的研究较为深入,常用的方法有历史经验估计法、概率分析法、可靠度指标法等[58,151-155],其核心是不确定性分析。Kuo 等[156]综合点估计法、蒙特卡罗法和一次二阶矩法构建漫顶风险率计算模型,并应用于翡翠水库;Zhang 等[157]简化复杂因子,提出了溃坝损失的阈值,建立了考虑闸门失效、洪水随机性、初始水位和时变效应的漫坝风险率计算模型;王薇[158]在分析土石坝三种基本失事模式的基础上,建立了失事故障树,结合故障树中各节点的逻辑关系将其优化为贝叶斯网络,并基于随机推论计算土石坝的风险率;郑雪琴[159]建立大坝结构极限状态方程,提出了包含随机不确定性和认知不确定性的风险率分析方法,通过拉丁超立方试验法和克里金模型重新构建隐式功能函数,求解了大坝的风险率。

而对由多座大坝组成的流域梯级坝群系统进行失效概率估算时,再使用单坝失效概率估算方法进行计算,就会导致计算过程复杂、操作难度大,且对资料的精细程度要求高,因此需要寻找新的方法求解流域梯级坝群的失效概率。目前,部分学者进行了一些初步探索。林鹏智等[160]研究了影响水库漫顶的关键因素,选取贝叶斯网络理论,从梯级单元-库群系统角度出发研究了大渡河流域两个相邻梯级——猴子岩和长河坝的溃坝概率;任青文等[161]以单个水库的漫顶模糊失效概率为基础,从系统工程的角度出发,将 k/N 系统理论应用到梯级库群系统中,采用层次分析法探索流域梯级库群系统的整体失效概率;杨印等[162]结合集对分析理论和区间数相关知识,综合考虑上下游大坝之间的联系度,建立了梯级库群连锁失效概率估算模型,并对澜沧江流域的梯级库群系统进行了失事概率估算;张锐等[163]全面考虑各种不确定因素,采用直角梯形模糊数刻画系统风险指标的模糊区间,随机模拟区间洪水,研究了在上游大坝溃坝洪水与区间超标准洪水耦合作用下下游大坝漫坝的失事风险;席秋义[164]将梯级坝群简化为自上而下的串联结构,考虑上游大坝对下游大坝的防洪安全影响,分析了大坝之间的洪量关系,计算梯级大坝系统的总风险率;陈淑婧[165]考虑溃决洪水的叠加效应,反演分析了溃决流量过程线和水库水位过程,模拟了洪水演进过程,提出了梯级土石坝连溃计算模型;周建平等[41]从梯级连溃分析角度,考虑安全系数与可靠性指标之间的关系,提出了相对安全率的概念;蔡文君[39]采用蒙特卡罗随机模拟,对梯级库群不同建设阶段进行分析,并结合控制梯级和薄弱梯级特点,运用贝叶斯网络,建立了梯级库群失效风险率模型,为梯级水库群系统整体的失效风险评估提供了新思路。

总体来说,流域梯级坝群失效概率估算方法研究已取得一定成果,但在坝工领域的应用研究尚不深入,还需进一步发展和完善。

1.2.6 流域梯级坝群失效后果研究进展

流域梯级坝群失效后果有三个组成部分:生命损失、经济损失、社会环境影响。美国垦务局提出的 Dekay & McClelland 法[166]、Graham 法[167]、Assaf 法[168]、Hartford[169]法是溃坝生命损失常用的估算方法。其中,Dekay & McClelland 法、Graham 法都是在对溃坝历史数据进行统计回归分析基础上进行的,这类方法估算精度受溃坝历史数据的影响较大,要求数据充足且准确。Assaf 法指出了该类方法的局限性,并提出将溃坝的统计信息与离散型因素相结合。Hartford 法提出将溃坝洪水模拟模型与溃坝时间段内风险人口活动的模拟相结合。对于经济损失,国外研究成果相对较少,总体上更加重视溃坝生命损失的研究。在社会与环境影响方面,研究成果较为丰富。Helsoot 等[170]提出定性分析事故对人民群众的心理影响,并对事故属性、公众所处的社会地位、应对经验、性别等具体方面进行深入探究。Joanne等[171]提出，针对不同的国家发展程度，应建立不同的危机应对模式。

目前，对于大坝失效后果评估，国内已经有了较多研究成果。在溃坝生命损失方面，周克发[172]总结概括了群坝生命损失规律，提出建立适合我国国情的大坝失事生命损失评价模型。王志军等[173-174]分别通过模糊物元理论及支持向量机模型建立大坝溃坝生命损失模型，并将综合模型应用于工程实例。杜效鹄和杨健[175]在综合各领域生命风险损失标准的基础上，初步确定了大坝生命风险影响因素，提出水电站大坝统一的生命个体及社会风险标准。王少伟等[176]建立了生命损失的预报模型，并在模型中引入了溃坝生命损失的间接影响因素。

在溃坝经济损失方面，由于溃坝的经济损失不仅包括大坝失效造成的损失，还包括溃坝后洪水淹没造成的人民财产损失等经济损失，对此，王仁钟等[177]采用了线性加权法量化溃坝损失，并建立了相关综合评价分析方法。周克发等[178]考虑溃坝洪水损失变化诸多因素，构建了溃坝洪水损失动态预测评价模型，有效地反映了溃坝洪水损失的动态时变效应。刘欣欣等[179]在已有的溃坝洪水经济损失评估方法的基础上，定量分析了溃坝洪水流速和预警时间对损失率的影响，通过建立流速修正系数以及预警时间修正系数对损失率进行修正，并以刘家台水库为例进行了实例论证。沈照伟等[180]对溃坝洪水经济损失评估的热点问题进行研究，分析了模糊理论、支持向量机理论、灰色模型等在洪水经济损失评估中的应用，指出了当前溃坝经济损失评估方法的缺陷以及未来发展趋势。

在溃坝社会与环境影响方面，李雷等[181]量化了社会环境损失影响因素，构建了相应的评估体系，并结合我国国情制定风险标准。何晓燕、孙丹丹等[182]针对大坝溃决的行为特点，深入分析溃坝的影响因素，并建立了溃坝的社会环境评估指标体系及相应的评估方法。张莹[183]将能值理论及生态足迹理论引入溃坝综合评价，并结合相应工程实例，对环境影响、生态损失进行定量评估。

综上，流域梯级坝群失效后果研究仍然聚焦于单坝失效后果分析，梯级坝群中失效后果研究尚不深入，还需进一步发展和完善。

1.2.7 流域梯级坝群风险评估研究现状

大坝风险评估是在识别威胁大坝安全服役潜在风险因子的基础上，分析失事概率和溃坝后果，将结果与风险标准进行对比，判断现有过程是否能够容忍的决策支持过程，直接影响到风险决策环节，因此对大坝进行科学合理的风险评估一直是研究的重点。国外在这方面的研究起步较早，取得了一定成效。美国学者 David S. Bowles 等[184-185]在现有大坝安全标准下，建立了大坝风险评估理论框架，提出了失事概率和溃坝后果的计算方法，对美国西部的几座大坝进行了风险评估。Paté Cornell 等[186]研究基于地方经济结构的风险成本评价方法，通过修正的效益成本比衡量大坝的风险程度，评估了连续性溃坝情况下的风险成本。Tosun 等[26-27]分别对土耳其境内幼发拉底河流域 32 座大坝和克孜勒厄尔马克流域 36 座大坝的风险性进行了评估，考虑地震危险性和大坝自身风险，将大坝风险划分为高、中、低三个等级，建议对 15 座高风险大坝采取相应工程措施。

在我国，相关学者近年来也逐渐重视对流域梯级坝群风险评估理论的研究，开展相关研究工作，取得了一些科研成果，一定程度上推动了坝群系统风险分析和风险管理工作的进展。杨国华等[38]构建了塔里木河流域在役水利工程安全风险评估体系，从结构安全性、结构耐久性和概率性风险三方面进行风险评估，并制定相应的应急管理预案。傅琼华等[30]以安全风险程度因子、溃坝损失影响因子和综合影响因子的乘积表示水库风险评估指数，依据风险指数的高低评定了江西省内中小型水库群的风险系数，从而决定除险加固的顺序。蔡文君[39]分别从物理成因和概率统计两个角度识别梯级水库群系统中的薄弱工程，通过贝叶斯模型计算库群的失效风险率，在此基础上，从水库安全标准和生命风险损失度两方面评价梯级水库群系统的整体风险。李浩瑾[37]融合模糊 C 均值聚类和人工蜂群算法，对汶川地震造成的 22 处堰塞湖和 48 座震损水库进行了风险评价，通过聚类结果判断风险级别，为制定除险计划提供依据。王冰等[187]以海河流域内岗南、黄壁庄梯级水库为例，给出漫坝危险度、易损度和风险度的定量标准，评估了梯级水库联合应急调度模式下的风险情况。雷建成等[40]将梯级大坝群作为一个整体，考虑上游大坝对下游大坝的附加危险性，提出了梯级坝群地震危险性评价的方法，并应用于大渡河流域梯级大坝抗震安全性的评估。

综上，针对流域梯级坝群系统的风险评估主要聚焦在溃坝损失的计算和除险加固的排序上，与风险管理法规和标准联系不紧密，需要进一步研究和拓展。

1.3 重点解决的关键科学技术问题

从国内外研究成果来看，对于单座大坝风险分析方面的研究，目前已经取得了较为丰富的成果。但与单座大坝相比，流域梯级坝群是一个复杂的灾变系统，受到诸多不确定因素的影响，其风险分析与管理更为复杂。目前，我国针对流域梯级坝群整体进行风险分析的成果相对较少，仍处于发展阶段，现有的分析理论和方法还不成熟，有下列问题需要深入研究。

（1）流域梯级坝群风险分析涉及内容广，难度大，目前研究成果主要为单个大坝风险分析模型或方法，流域梯级坝群风险分析理论和应用尚未取得重大突破。因此，为了全面把握风险，需要对流域梯级坝群及其风险因素进行深入分析，在风险识别和评估的基础上，研究流域梯级坝群特征及流域梯级坝群风险基本内容，探究风险分析的流程和框架。

（2）流域梯级坝群由性质各异的单一大坝组成，相比于单一大坝风险，其风险形成机理更加复杂，目前主要借助于单一大坝风险分析理论和方法，从单一的环境和工程风险因素的角度，研究风险对流域梯级坝群的影响，难以把握实际风险的影响程度。流域梯级坝群风险是流域梯级坝群所处的流域中不同风险因素耦合作用的结果，需要对国内外大坝溃坝原因及失效模式进行统计分析，探究影响流域梯级坝群运行安全的关键影响因素，并对流域梯级坝群中的风险进行分类，以此进一步对流域梯级坝群风险进行度量，这对提高流域梯级坝群风险分析水平具有重要的现实和理论意义。

（3）流域梯级坝群的结构组成相较单座大坝更为复杂，流域梯级坝群中风险效应机制与失效路径尚不明确，且涉及内容广、难度大，目前研究成果主要以单座大坝为对象开展，流域梯级坝群的风险存在特殊的链式效应，从而导致其效应模式更为复杂。目前，关于流域梯级坝群的风险链式效应模式与失效路径识别研究尚未取得重大突破。因此需要结合实际情况，分析流域梯级坝群中的风险传递模式，进一步揭示梯级大坝之间的风险链式效应模式及失效互馈作用，识别出流域梯级坝群的主要失效路径，探究流域梯级坝群风险效应。

（4）国内外对于单座大坝失效概率分析方法已经较为成熟，相较于以单座大坝为对象进行分析，流域梯级坝群的风险形成十分复杂，不但与流域梯级坝群中各单座大坝的环境因素、工程因素和人为因素等有关，而且受各风险因素不确定性、随机性、模糊性等的影响，现有单坝失效概率估算方法难以直接用于流域梯级坝群。因此，如何基于单坝失效概率估算方法的研究成果，进一步研究流域梯级坝群系统失效概率估算方法是当下需要深入研究的内容。

（5）大坝失效后果包括生命损失、经济损失和社会环境损失三个部分。目前，大多数的研究都是针对某一种损失，对于经济损失和生命损失，研究成果较多，但对于社会环境损失，研究成果相对较少。因此，有必要综合三类溃坝损失研究成果，建立大坝失效后果的综合评估体系，并针对流域梯级坝群，改进原有评估方法和评价标准，综合评估流域梯级坝群的失效后果。

(6) 目前，对大坝失效后果的综合评估和除险加固的排序方法等方面的研究较多，且取得了一批有价值的成果，但这些方法与风险管理标准联系不紧密。在生命损失、经济损失和社会与环境影响三方面评估大坝失事后果的基础上，如何结合风险标准，综合考虑可接受风险和可容忍风险，确定坝群系统的薄弱环节成为亟待解决的问题。

1.4 研究成果概述

(1) 基于系统分析理论，深入剖析了流域梯级坝群与其他复杂系统的共性及特点，研究了流域梯级坝群的组成与特点。基于风险分析理论，研究了流域梯级坝群风险的特点，在此基础上，从敏感性、严重性和传递性的角度，剖析了流域梯级坝群风险。研究了流域梯级坝群与其他系统的共性、自身特性；探讨了流域梯级坝群风险的基本内容，包括流域梯级坝群的风险识别、风险估计、风险评价、风险应对及风险决策，构建了流域梯级坝群风险分析体系的框架以及分析流程，为流域梯级坝群风险分析方法的研究提供了理论基础。

(2) 统计整理了国内外大坝溃坝资料，分析了大坝溃坝原因及失效模式，归纳总结了影响大坝运行安全的关键风险因素。深入分析了拱坝、重力坝、土石坝的失效原因、失事模式以及失效导致的后果。探究了流域梯级坝群风险的构成，分别从风险因素和风险后果的角度，对流域梯级坝群的子风险进行了分类。综合运用熵理论、灰色理论和未确知数学理论，提出了流域梯级坝群的风险度量方法，并从不同子风险之间关联性的角度，建立了流域梯级坝群风险分析模型。

(3) 从结构可靠度的角度，建立了风险对大坝结构可靠性的效应模型，研究了风险对流域梯级坝群可靠性的影响。结合流域梯级坝群的特点，探究了风险在流域梯级坝群系统内部传递的过程、条件和特性，构建了不同风险传递结构，并基于概率统计理论，构建单一与多重风险传递模型。运用贝叶斯理论，对流域梯级坝群风险链式效应模式进行剖析，构建了风险链式效应评价指标体系，综合运用可拓层次分析法(EAHP)、信息熵理论以及逼近理想解排序法(TOPSIS)，构建了流域梯级坝群风险链式效应分析模型。

(4) 考虑不同失效路径间的关联性，将决策试验与评价实验室分析方法

(DEMATEL)以及数学和多准则优化妥协方法(VIKOR)的思想应用于流域梯级坝群失效路径的挖掘中,结合风险链式效应,提出了流域梯级坝群主要失效路径辨识方法。

(5) 基于可靠度理论,研究了大坝失效概率可靠度模型特点及建模方法,引入 Hasofer-Lind 可靠指标,改进优化人工鱼群算法(AFSA)的迭代过程,提出了基于改进 AFSA 的大坝失效概率估算方法,在此基础上,考虑风险链式效应,构建了流域梯级坝群失效概率可靠度估算模型。

(6) 考虑流域梯级坝群主要失效路径上风险因素与风险之间的因果逻辑关系,结合混合因果逻辑分析与模糊可靠度理论,构建了流域梯级坝群混合因果逻辑(Hybrid Casual Logic, HCL)分析模型,综合运用事件树、故障树、贝叶斯网络等建模技术对 HCL 模型上各节点进行了详细建模,进一步提出了流域梯级坝群失效概率混合因果逻辑估算方法。

(7) 充分利用流域梯级坝群各座大坝实测资料,运用最大熵和可靠度理论,确定大坝失效临界指标,以此建立了大坝失效概率实测资料估算模型,通过对不同型 k/N 模型求解方法的探究,提出了基于实测资料的流域梯级坝群失效概率计算方法。

(8) 研究了大坝失效生命损失、经济损失、社会与环境影响的主要影响因素,构建了大坝失效后果综合评估体系,结合指标等级划分原则,拟定了大坝失效后果综合评估指标的划分标准。

(9) 研究了灰色模糊综合评判方法、灰色模糊物元分析方法的原理和分析流程,探究了流域梯级坝群失效后果综合评判方法以及单个大坝失效后果排序方法,并对两种方法优劣进行了对比分析。

(10) 引入脆弱性的概念描述了坝群系统应对风险的能力,分析了坝群系统脆弱性的影响因素,拟定了大坝脆弱性评估指标,并针对评估指标量纲不一致的问题,探讨了指标无量纲处理方法;考虑到风险影响下大坝性态变化的不连续性,基于突变理论,提出了流域梯级坝群系统脆弱性估算方法,通过对评估指标的重要性排序,建立了流域梯级坝群系统脆弱性评估模型。

(11) 探究了生命损失、经济损失、社会与环境影响三类溃坝损失以及失效后果的主要影响因素及评估方法,在对传统二维风险矩阵原理研究的基础上,构建了“失事风险率-脆弱性-失效后果”三维风险矩阵,结合 ALARP 准则和相关规范划分了风险区域,据此提出了流域梯级坝群系统风险综合评估方法。

第二章

流域梯级坝群风险分析理论基础

2.1 概述

水库大坝是我国水利行业重要的基础设施，若大坝本身存在安全隐患，一旦失事会严重威胁下游群众的生命财产安全。大坝风险是大坝发生事故的可能性和造成损失的综合度量值，通过识别大坝所受的各类潜在或已出现的不安全因素，对其进行风险评估，选择合适的风险应对措施，从而达到降低或规避风险的目的。随着我国水利水电行业的发展，大坝风险分析已由单个大坝风险分析扩展至流域梯级坝群整体风险分析。与单个大坝风险分析相比，流域梯级坝群风险分析涉及的内容广、难度大。目前，对流域梯级坝群整体进行风险分析的理论和方法尚不完善。为了全面掌握流域梯级坝群风险，有必要深入分析流域梯级坝群中各个潜在风险因素，并在传统单个大坝风险分析的基础上，构建流域梯级坝群风险分析的基本理论体系。

鉴于此，本章通过对流域梯级坝群特点的研究，剖析流域梯级坝群的系统特征，引入风险分析理论，从敏感性、严重性和传递性的角度剖析流域梯级坝群风险，探讨流域梯级坝群风险分析体系的框架和流程，为流域梯级坝群整体风险分析建立理论基础。

2.2 流域梯级坝群特征分析

因流域开发而形成的流域梯级坝群，其物理结构多为汇流结构（图 2.2.1），支流汇入干流的节点为汇点，从物理上看，流域梯级坝群为一种既包含串联又包含并联的混联系统。对于干流或某一条支流，可视为简单的串联系统。从剖面图（图 2.2.2）看，水库大坝沿着水流方向呈阶梯状排列。由于流域梯级坝群系统内各个大坝工程防洪标准不一、坝型较多、所在环境差异较大，系统内不同工程的安全性有较大差别，且各大坝工程关系密切、相互影响显著，因此流域梯级坝群的安全管理是个十分复杂的问题。下面结合系统学理论，对流域梯级坝群的特征进行研究。

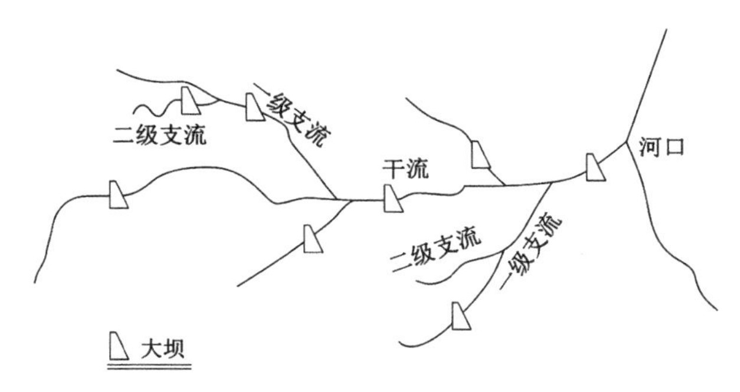

图 2.2.1　流域结构示意图

2.2.1　整体性

整体性，是流域梯级坝群系统最直观的特性。整体性，即指系统由多个子系统或部分组成，使得系统具有各子系统的功能；同时系统中各个子系统相辅相成，使得系统具有单个子系统所不具备的新功能。对于由多个单一大坝组成的流域梯级坝群系统（图 2.2.2），各个梯级之间相互影响，成为一个整体，使得流域梯级坝群在具备单座大坝防洪、发电、灌溉等功能的同时，大大提升了对水资源的开发利用，能够协调流域水资源综合利用的矛盾。

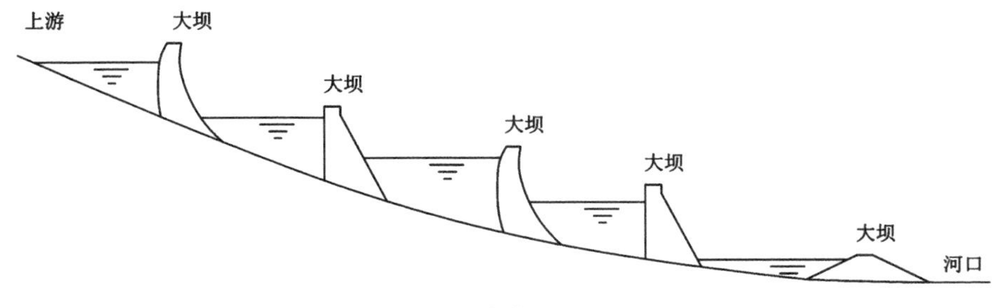

图 2.2.2　流域梯级坝群剖面图

2.2.2　相关性

相关性，是指由流域梯级坝群中各单元大坝间的连接所引起的功能上的相关性。按照各单元大坝间的相关程度可以分为不相关、不完全相关和完全相关。按照所相关的结果指标受影响因素的多少分为复相关和单相关。按照相关关系的变动方向是否一致分为正相关和负相关。流域梯级坝群中各单元水库大坝入库流量的大小与上游相邻水库的下泄流量有关，但不完全被其决定；上游相邻水库大坝的安全性越好，对自身的安全性越有利，反之对自身安全性的不利影响越大；且各单元大坝的状态表现不仅受上游水库大坝运行状态的影响，还与其当前水位高低有关。因此，此类系统各子系统之间具有不完全的正、负相关性。

可以用矩阵表征出流域梯级坝群系统中各单元水库大坝间存在的逐级水力影响关系：

$$\boldsymbol{A}=[a_{ij}]_{N\times N}=\begin{bmatrix}0 & 1 & 0 & 0 & \cdots & 0 & 0\\ 0 & 0 & 1 & 0 & \cdots & 0 & 0\\ 0 & 0 & 0 & 1 & \cdots & 0 & 0\\ \vdots & \vdots & \vdots & \vdots & & \vdots & \vdots\\ 0 & 0 & 0 & 0 & \cdots & 0 & 1\\ 0 & 0 & 0 & 0 & \cdots & 0 & 0\end{bmatrix} \tag{2.2.1}$$

矩阵 $\boldsymbol{A}$ 中，$a_{ij}=1$ 表示第 i 座水库大坝对第 j 座水库大坝有直接水力影响，$a_{ij}=0$ 表示第 i 座水库大坝在水力关系上不会直接影响第 j 座水库大坝。流域梯级坝群中各单元水库大坝间存在着逐级影响的关系。

2.2.3 链式失效性

链式失效性是指流域梯级坝群中某一个单元大坝或局部位置先失效，然后引起其他单元大坝相继失效的现象。即假设 $x_i(t)$ $(i=1, 2, \cdots, n)$ 为流域梯级坝群中第 i 座大坝的状态向量，则有流域梯级坝群各单元大坝的状态集合 $\boldsymbol{X}(t)=\{x_1(t), x_1(t), \cdots, x_n(t)\}$。当流域梯级坝群正常运行时，存在非空集合 $\boldsymbol{K}\subset\boldsymbol{R}^n$，$\forall x_i(t)\in\boldsymbol{K}$ $(1\leqslant i\leqslant n)$，在 i 时刻，某种风险 $r(t)$ 作用于系统中某一单元大坝，使得其状态 $x_i(t)\notin\boldsymbol{K}$ 表示其失效，同时失效带来的风险将作用于下一级大坝，导致下一级大坝的状态 $x_{i+1}(t)\notin\boldsymbol{K}$ 也发生失效。流域梯级坝群可以看作由多条链式结构串并联组成的复杂系统，根据失效在流域梯级坝群内部的传播范围，可以分为全局链式失效和局部链式失效。全局链式失效指的是因某个单元大坝失效引起整个流域梯级坝群失效，即 $\forall x_i(t) \notin \boldsymbol{K}$；局部链式失效是指某个单元大坝失效只引起流域梯级坝群系统部分单元失效，即 $\exists x_i(t) \notin \boldsymbol{K}$。当上游坝发生溃决产生巨大下泄水量在三级以上的大流域梯级坝群系统中继续扩展时，则可能引起一场全流域的链式失效，即全局链式失效。若在链式失效的扩展过程中，遇到一级安全标准极高的大型水库，则扩展可能被控制住，使失效还没有发展到全流域就发生中断，此时的失效为局部链式失效。若发生初始失效的水库大坝不是源头水库，而是第二级以下某级水库，则无论链式失效在其扩展到河口水库的过程中是否能够得到中断，都认为此种情况下的失效是局部链式失效。

2.2.4　环境适应性

环境适应性表现为流域梯级坝群系统与运行环境间的能量交换，以及自身有序、有组织的稳定运行。当外界环境发生变化导致某水库大坝发生故障，不能继续承载其上游来水而无法完成既定的防洪任务时，此任务能够自动切换至下游水库，使下游水库接管故障水库的部分拦蓄工作，对故障水库大坝的防洪功能起到补充作用，以达到新的流域梯级坝群整体稳定。这种系统的有序结构通常会保持很长时间，一般不会失效。但当外界环境变化非常大，超出整个流域梯级坝群自调节能力范围的情况下，则可能会打破这种有序性，使其距离流域梯级坝群整体的稳定态越来越远。

2.2.5　涌现性

涌现性指流域梯级坝群不等于组成其的各单元大坝单纯叠加，是规模效应和结构效应共同作用的结果。流域梯级坝群不是各个单元大坝杂乱无序的组成、集合，而是按照一定的逻辑结构形成的整体，具有流域梯级坝群中各单元大坝在孤立状态下所没有的新性质。这种性质只能在流域梯级坝群中表现出来，在组成部分上是完全不能被理解的，甚至不可能被发现。如进行流域开发形成流域梯级坝群系统后，明显提高了对水资源的利用率，防洪、发电功能和失效风险均不等于各单体水库大坝独立存在时防洪、发电功能和失效风险的简单相加。

$$D \neq \sum_i D_i \tag{2.2.2}$$

式中：D 代表整体，即整个流域梯级坝群的某种状态或功能；D_i 代表部分，即流域梯级坝群中第 i 座大坝的某种状态或功能。

2.2.6 不确定性

不确定性包括随机性和模糊性。随机代表偶然，介于必然和不可能之间。模糊代表没有明确的划分界限。流域梯级坝群在服役过程中所受的干扰往往是随机性的，即使是必然发生的确定性干扰，在其细节上也会带有随机性的偏差。干扰事件以及水库大坝的运行状态可能会有多种不同的表现方式，但事先不能确定它们究竟以何种方式发生。此外，在大坝的多种表现状态中，有安全状态，也可能有失效状态。从安全到失效的发展，一般要经历一个过程，中间可能会出现多个过渡状态，难以划清界限，呈现出模糊性。

2.3 流域梯级坝群风险

假设存在风险因素集合 $X=\{x_1, x_2, \cdots, x_n\}$，$x_i$ 为各风险因素，则流域梯级坝群风险的子风险与风险因素之间的关系可以表示为：

$$R_i=f(x_i) \tag{2.3.1}$$

相应地，流域梯级坝群风险为：

$$R_S=\{R_1, R_2, \cdots, R_n\}=\{f(x_1), f(x_2), \cdots, f(x_n)\} \tag{2.3.2}$$

式中：R_S 为流域梯级坝群风险；R_i 为各风险因素引发的子风险；$f(\cdot)$ 为风险因素与子风险的函数关系。

但流域梯级坝群系统内部十分复杂，对流域梯级坝群风险的研究不能简单将其当作所有的风险集合，各风险间存在一定潜在关联，因此需要对流域梯级坝群风险进行进一步分析研究。

2.3.1 大坝风险的定义与特征

(1) 大坝风险的定义

鉴于对风险的认知，风险普遍包含两方面：

① 风险具有不确定性；

② 风险就是特定情形下可能发生的结果之间的差异。

在坝工领域中，学者们普遍认为大坝风险应当包含三个方面的内容：

① 大坝工程在其运行过程中可能发生事故的类型；

② 发生该大坝事故的概率大小；

③ 该大坝事故发生后对生命、经济、社会环境造成的后果损失。

通常将风险表示为对生命健康、财产资源和社会环境造成危害的事件的发生概率及后果损失的严重性，用发生概率与可能后果的乘积来表示[188]。

相应地，大坝风险表达式为：

$$R = f(P, C) = P_f \cdot C_f \tag{2.3.3}$$

式中：R 为大坝风险；P_f 为大坝失效事件发生的概率；C_f 为大坝失效事件发生的损失后果。

（2）大坝风险的特征

大坝服役期间面临的风险具有不确定性以及风险损失性，其外在表现具有以下几个特征。

① 普遍性。影响大坝安全的风险是无处不在的，不光是服役期的大坝面临着各种各样的风险，实际上大坝从规划设计到报废退役的全生命周期中，风险都是时时存在的。随着经济水平的提升，大坝筑坝技术也得到了大幅提高，相应地大坝自身的安全性也大大提高，但是同时对水库大坝效益性功能要求也逐渐增多，风险的种类也相应增多，大坝风险实际上没有减少而是增加了，风险事故造成的损失也在增大。

② 偶然性。通常大坝风险表示为大坝服役期间因风险事件而导致的后果与风险事件发生概率的函数，故大坝风险事故的发生有一定的概率，具有随机性。

③ 突发性。对于风险来说，造成风险发生的因素是具有不确定性的，因此风险的频次、风险所达到的等级、损失严重程度以及风险的时间、空间都难以实现预知，具备偶发性特征。

④ 危害性。风险的发生一般都会带来损害，风险的发生是人不期待的结果造成的损失。

⑤ 变化性。风险的严重程度、造成的损失等都会发生变化，因此导致原有的应急措施难以达到理想的作用。

⑥ 复杂性。随着大坝系统规模的增大，各个风险因素之间的联系也越发复杂，相互作用关系难以估计，因此想要以数据来准确表达相关风险因素比较困难。

⑦ 可测性。风险的损失后果和发生概率可以通过一定的科学方法和指标进行量化，在事故发生前对风险进行评价，预测事故的发生，为决策者提供安全管理的依据。

2.3.2 流域梯级坝群风险的定义

流域梯级坝群由多座大坝组成，同一水流上的各子系统单元大坝在物理结构上呈混合链式分布，且流域梯级坝群中子系统单元大坝间的风险会以水流为媒介进行传递。当流域梯级坝群中各单元大坝由于风险因素引发风险事件，通过单元大坝内部以及大坝之间的传递后，会诱发其他潜在的风险事件，形成链式风险，一旦发生风险事故，损失将远大于因起始风险因素所引起的风险，从而威胁到流域梯级坝群整体安全。

据此，本书将流域梯级坝群风险定义为在流域梯级坝群出现的风险中，以任一风险传递形式形成的一系列显性和隐性风险的总和。此类显性和隐性风险统称为流域梯级坝群风险的子风险。

通常，对大坝风险的定义是以二维指标进行的，即大坝失效发生的概率与可能产生的后果。结合流域梯级坝群中子风险的传递性，增加风险的可传递性这一维度进行定义，则流域梯级坝群中子风险的表达式为：

$$R_i = f(P_i, C_i, T_i) \tag{2.3.4}$$

式中：R_i 为流域梯级坝群中第 i 种子风险；P_i 为流域梯级坝群第 i 种风险事件发生的概率，表示该子风险的敏感性；C_i 为流域梯级坝群第 i 种风险事件发生的损失后果，表示该子风险的严重性；T_i 为流域梯级坝群第 i 种子风险的可传递性；$f(\cdot)$ 为 R_i 与 P_i、C_i、T_i 的函数关系。

由此，流域梯级坝群风险 R_S 可表示为：

$$R_S = \sum R_i = \sum f(P_i, C_i, T_i) \tag{2.3.5}$$

2.3.3 流域梯级坝群风险的特征

相较于单一大坝风险的特征，流域梯级坝群风险更为复杂，具有链式反应、蝴蝶效应等特征。

（1）流域梯级坝群风险的发生是从初始风险因素开始进行传递，进而引起一系列风险事件乃至风险事故的过程，每个环节有着明确的因果关系，具有链式效应。

（2）流域梯级坝群受到的子风险在流域梯级坝群中传递时是以链式传递进行的，即流域梯级坝群系统中每座单元大坝都是链条上的一个节点，每座大坝受到的风险都具有扩散性。链式传递是指相邻两座大坝所受到的风险造成相应的风险事件，顺水流方向由上游大坝向下游大坝进行传递的方式，即流域梯级坝群系统中，某座大坝受到某种或某些风险导致其相应风险事件的发生，并导致该座大坝的下游大坝发生某种与该风险事件相关的风险事件的发生，故上游大坝发生的风险事件是下游大坝发生风险事件的诱发因素。

（3）流域梯级坝群风险除了具有风险发生的可能性和不确定性外，还具有蝴蝶效应，即在流域梯级坝群风险传递链上的某一难以察觉的子风险发生后，经过在流域梯级坝群中不断传递与扩散，最终会导致流域梯级坝群整体风险出现无法预料的结果。

2.4 流域梯级坝群风险分析体系

流域梯级坝群的风险分析是通过对目标流域梯级坝群各类风险因素进行识别、分析和评价，从而有效规避或降低风险，妥善处理失效后果的过程，具体分为五个步骤。

2.4.1 风险识别

流域梯级坝群风险识别是风险管理的第一步，是对流域梯级坝群面临的风险以及潜在风险进行分析，判断可能出现的失事类型、失事原因、机理、失事后果等的过程。在大坝运行过程中，需要及时识别大坝潜在风险因素，并对其进行相应的处理，才能保证大坝在各种不利工况环境下正常运行。

风险识别的方法[189]主要分为两类，一是主观信息分析方法，二是客观信息分析方法，常用的方法见表 2.4.1。

表 2.4.1 风险识别方法及其特点

类别	方法	特点
主观信息分析	头脑风暴法	通过专家会议,以专家创造性思维对未来风险进行直观的预测,适合探究较为单纯、具有明确目标的问题
	德尔菲法	参加的专家相互匿名,专家可以收到全组专家的意见集合,再进行反馈重新分析
	情景分析法	根据发展趋势,对风险目标进行系统分析,并对未来多种可能情况进行规划设计,从而描述出今后的发展态势
客观信息分析	分解分析法	根据分解原则,将复杂的风险目标分成较为简单易识别的目标,从而更易识别目标存在的风险以及失事的后果
	核查表法	根据先前的管理经验和实践中的风险要素进行归纳总结,制成风险核对表,该方法更易对目标潜在风险进行识别
	流程图法	根据工程项目实施的过程,建立一个总流程图和各部分分流程图,包含项目中的各个步骤以及重要环节,从而分析了解各个环节内部及环节间的风险

2.4.2 风险估计

流域梯级坝群风险估计是在风险识别的基础上,对风险进行定性分析和定量分析,并估算出风险的大小,即确定流域梯级坝群整体失事的概率以及后果的过程,这个步骤是整个风险分析工作的重点之一。大坝风险估计是对大坝风险的定量分析,可为风险决策和管理提供可靠的数据支撑。

大坝风险估计由大坝失效概率确定和失事后果估计两部分组成,常用方法见表 2.4.2。

表 2.4.2 风险估计方法及其特点

方法	特点
蒙特卡罗法	蒙特卡罗法可以对潜在风险进行模拟,依据统计理论对影响因素进行随机抽样,从而得到失效概率。该方法避免了失效概率计算中的难点,但计算过程相对较为烦琐
事故树分析法	事故树分析法可以对系统中各个部分的风险进行识别和分析,除了分析系统失事的直接原因外,还可以深入挖掘事故的潜在风险因素。事故树通过逻辑门连接事故以及失事原因,可以清晰、直观地描述事故逻辑关系
事件树分析法	事件树分析法是按事态发展顺序,依次考虑各个事件并推断可能产生的后果。各事件选择对立的两种状态,如成功或失败,逐步递推,直到整个系统出现故障为止,并用树形图将分析过程表示出来

2.4.3　风险评价

流域梯级坝群的风险评价是在流域梯级坝群系统正常运行过程中，辨识、分析和评价风险因素，并采取相应控制措施，尽量避免或减少因风险转化成事故造成的损失。流域梯级坝群风险评价对象包括各个大坝本身以及下游受影响的对象。由于大坝面临的风险可能由单个因素引起，也可能由多个因素造成，可以通过大坝风险评价对流域梯级坝群进行系统分析，对大坝各个环节进行风险识别和判断，将不确定性处理透明化，为流域梯级坝群中各个大坝风险比较及单个大坝不同部位的风险比较提供基础，也为风险应对提供理论框架。

2.4.4　风险应对

根据大坝风险评价结果，选择相应风险管理措施，在一定的时间或空间范围内消除、降低或规避风险，减少风险造成损失的过程即为风险应对。大坝风险应对的主要方式有以下几种。

（1）转移风险：通过保险、立法、合同等一些方式将失事损失转移到另一方。对于流域梯级坝群系统，转移风险可以采用设置保护性条款、对建筑工程风险进行投保等方式。

（2）降低风险：降低风险主要有两种途径，分别为降低大坝失事的概率和减少失事造成的损失，可以通过对大坝进行除险加固、加密大坝安全监测等方式降低大坝失事的可能，并建立相应的应急计划，减少失事造成的损失。

（3）回避风险：回避风险是当项目的风险很大，同时由此会造成严重的损失时，主动放弃该项目以回避一切风险和损失的方式。比如当大坝风险分析的结果不满足可接受的风险标准，同时采取风险措施需要的费用远远超过取得的效益时，可以报废该大坝，以达到回避风险的结果。

（4）保留风险：在对大坝风险进行降低或转移之后仍存在的风险，若满足可接受的标准，可以考虑保留该风险，不做进一步处理。

2.4.5　风险决策

流域梯级坝群风险决策指在对各个大坝及流域梯级坝群整体进行风险识别、估计、评价的基础上，由决策者综合风险评价结果，做出最优决策的过程。

风险决策一般具备以下条件：

(1) 决策者决策目标明确;

(2) 有两个及两个以上的备选决策方案;

(3) 有两个以上的自然状态且不以决策主观意识为转移;

(4) 可根据已有信息分析得到各种自然状态出现的可能性;

(5) 可以确定各种可行方案的优劣。

2.5 本章小结

本章研究了流域梯级坝群的特征以及流域梯级坝群风险的基本内容,构建了流域梯级坝群风险分析体系的框架以及分析流程,主要研究内容如下。

(1) 在系统概念、分类及组成部分研究的基础上,探讨了流域梯级坝群的概念和特点,分析了流域梯级坝群的特征,在此基础上,重点研究了流域梯级坝群风险的构成及风险分析的基本内容。

(2) 基于风险分析理论,研究了梯级坝群风险的特点,在此基础上,从敏感性、严重性和传递性的角度,剖析了梯级坝群风险,为研究流域梯级坝群风险分析体系提供了理论基础。

(2) 构建了流域梯级坝群风险分析体系的框架及流程,主要包括流域梯级坝群的风险识别、风险估计、风险评价、风险应对及风险决策,并重点研究了各部分的主要内容及实施的方法。

第三章

流域梯级坝群风险量化分析

3.1 概述

流域梯级坝群风险是梯级坝群所处的流域中不同风险因素耦合作用的结果,其风险主要来源于环境因素、工程因素和人为因素等三个方面[190]。目前在坝工安全监控领域,主要侧重于单一大坝风险的研究,重点聚焦洪水、地震、滑坡等环境因素以及工程抗力下降等工程因素造成的风险形成机理和原因的探究,已取得了一批有价值的研究成果[3,12]。流域梯级坝群由性质各异的单一大坝组成,相比于单一大坝风险,其风险形成机理更加复杂,目前主要借助于单一大坝风险分析理论和方法,从单一的环境和工程风险因素的角度,研究风险对流域梯级坝群的影响,难以把握实际风险的影响程度,这给综合评估流域梯级坝群的风险带来了困难。

针对上述问题,本章通过对国内外大坝溃坝原因及失效模式的统计分析,探究影响流域梯级坝群运行安全的关键影响因素,在对大坝失事历史资料分析的基础上,归纳总结流域梯级坝群中不同坝型的主要失事风险路径;基于对流域梯级坝群特征的研究,分别从风险因素和风险后果的角度,对流域梯级坝群的子风险进行分类;综合运用信息熵、灰色和未确知数学等理论,提出流域梯级坝群风险分析模型。

3.2 大坝失事规律及模式分析

由于大坝结构十分复杂,其影响因子较多且易变,本节从大坝失事年代、工程状态、坝型、失事时间及失事地区等方面,研究了大坝失事的主要特征、失事状况,探究了我国大坝失事的主要原因和失事路径。

3.2.1 国外大坝失事规律统计分析

原西德大坝委员会统计了600座大坝的溃坝情况[191]，本节在此统计结果的基础上，以1945年为界，对溃坝失事原因进行整理分析，统计结果如表3.2.1所示。

表3.2.1 国外部分大坝溃坝原因统计

失事原因	1945年前		1945年后		合计	
	溃坝数量	百分比(%)	溃坝数量	百分比(%)	溃坝数量	百分比(%)
漫顶或溢洪道破坏	86	36.91	25	32.89	111	35.92
坝基破坏	77	33.05	27	35.53	104	33.66
滑坡	24	10.30	4	5.26	28	9.06
施工缺陷	6	2.58	0	0	6	1.94
坝体裂缝	4	1.72	5	6.58	9	2.91
战争破坏	5	2.15	0	0	5	1.62
计算错误	3	1.29	1	1.32	4	1.29
其他	28	12.02	14	18.42	42	13.59
合计	233	100	76	100	309	100

注：由于四舍五入的关系，合计百分比可能不恰好等于100%。

从表3.2.1可以看出，漫顶、溢洪道及坝基、坝体破坏是溃坝的最主要原因，由此造成溃坝数目占溃坝总数60%以上，在新老坝中所占比例总体区别不大。此外，大坝滑坡也是大坝溃坝的重要原因之一。1945年后，随着水利工程建设水平提高，各国加强了对大坝的建设管理工作，溃坝数量减少至老坝的1/3。

英国对100座大坝溃坝原因进行了统计分析[192]，分析结果如图3.2.1所示。

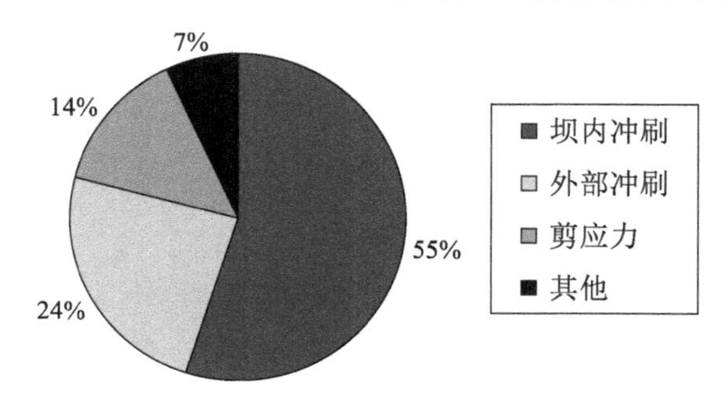

图3.2.1 英国100座土坝失事原因统计

由图 3.2.1 可见，大坝失事的最主要原因为坝内冲刷，主要包括坝基渗流、坝体渗漏等，约占溃坝总数的 55%；其次为外部冲刷，包括泄洪能力不足造成的漫顶等，约占溃坝总数的 24%；大坝滑坡等剪应力破坏也是导致溃坝的重要因素之一，约占溃坝总数的 14%。

苏联对 700 座大坝失事原因进行了统计分析[137]，分析结果如图 3.2.2 所示，其中坝基坝体渗漏、坝基失稳、大坝漫顶为溃坝最主要原因，由此造成的溃坝数量占溃坝总数 50%以上。

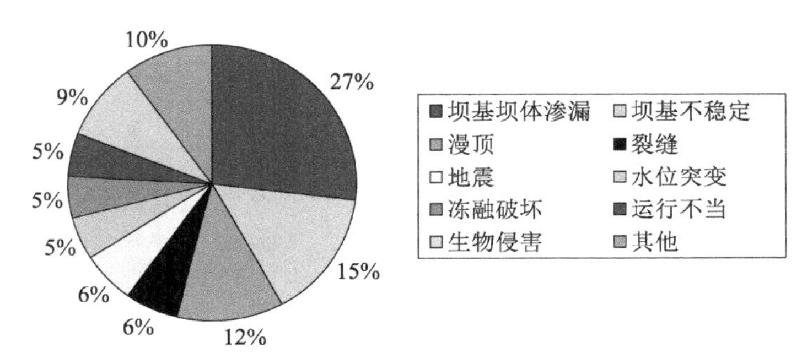

图 3.2.2　苏联 700 座大坝失事原因统计

美国在 20 世纪末统计分析了国内大坝失事情况[193]，各类坝型溃坝统计结果见表 3.2.2，溃坝原因分析结果见图 3.2.3。

表 3.2.2　美国各坝型溃坝统计

坝型	溃坝总数	事故总数	大坝总数	年溃坝率($\times 10^{-4}$)
土坝	74	100	7 812	2.77
堆石坝	17	14	200	22.60
拱坝	4	8	200	4.40
重力坝	4	2	285	3.02
合计	99	124	8 497	3.33

根据表 3.2.2，可以看出美国土坝溃坝数量较多，共溃坝 74 座；其次为堆石坝，溃坝 17 座；其他坝型溃坝数量较低，均在 5 座以下。大坝整体年溃坝率为 3.33×10^{-4}，堆石坝年溃坝率最高，达到 22.6×10^{-4}，其他坝型年溃坝率相对较低，均低于 5×10^{-4}。

根据图 3.2.3，可以看出结构破坏、管涌、坝基渗流、滑坡为大坝失事的最主要原因,其中结构破坏占34%,管涌占24%,坝基渗流占19%,滑坡占16%,溢洪道破坏、漫顶、地震等引起大坝失事占7%。

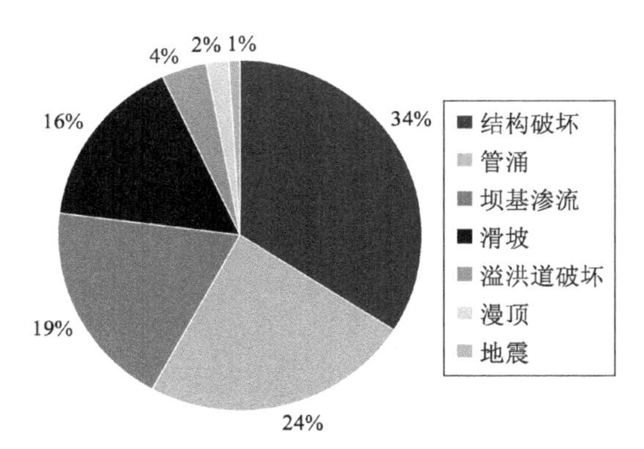

图 3.2.3 美国溃坝模式统计分析

3.2.2 国内大坝失事规律统计分析

据水利部《第一次全国水利普查公报》[194]统计,我国已建成水库98 002座,其中大型756座,中型3 938座,小型93 308座,总库容9 323.12亿m³。由于我国一半以上的水库建设于20世纪50—70年代,施工质量较差,水库建设标准较低,管理相对落后,导致水库大坝病险问题突出,溃坝事件时有发生。近年来,通过完善法制与相应标准,加强建设与运行管理,全面推进水库建设与管理现代化,水库安全状况已得到很大改善。据不完全统计,1954—2012年,我国大坝溃坝3 520座,年均60座[195]。本节在此溃坝统计结果的基础上,对大坝溃坝年份、溃坝分布、坝型和溃坝原因进行深入分析。

3.2.2.1 按年份统计分析

根据我国已有溃坝统计资料以及各类文献,对1954—2012年溃坝情况分阶段进行统计,统计结果分别见表3.2.3、图3.2.4。

表 3.2.3 不同年代溃坝数量统计表

年份	大型水库	中型水库	小(1)型水库	小(2)型水库	合计	比例(%)
1954—1960年	0	64	156	129	349	9.9
1961—1970年	0	27	156	407	590	16.8

续表

年份	大型水库	中型水库	小(1)型水库	小(2)型水库	合计	比例(%)
1971—1980 年	2	26	282	1 728	2 038	57.9
1981—1990 年	0	4	46	214	264	7.5
1991—2000 年	0	2	30	194	226	6.4
2001—2010 年	0	4	10	34	48	1.4
2011—2012 年	0	0	1	4	5	0.1
合计	2	127	681	2 710	3 520	100

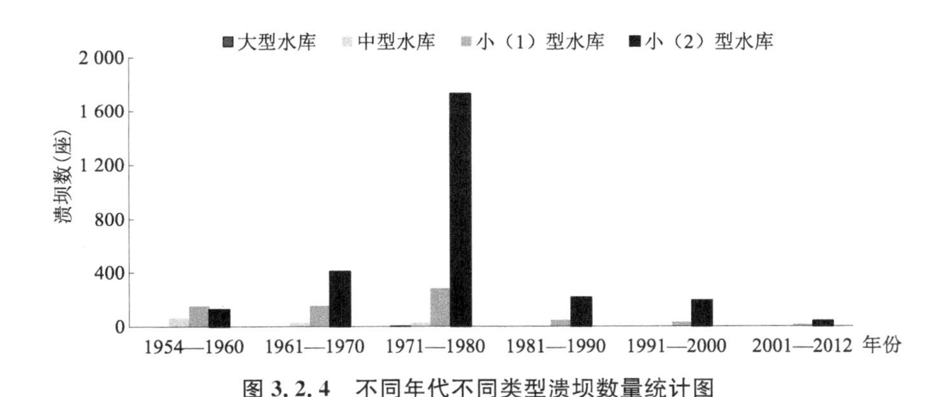

图 3.2.4　不同年代不同类型溃坝数量统计图

为了更直观地看出溃坝各年份的分布情况，绘制各阶段溃坝所占比例扇形图，如图 3.2.5 所示。

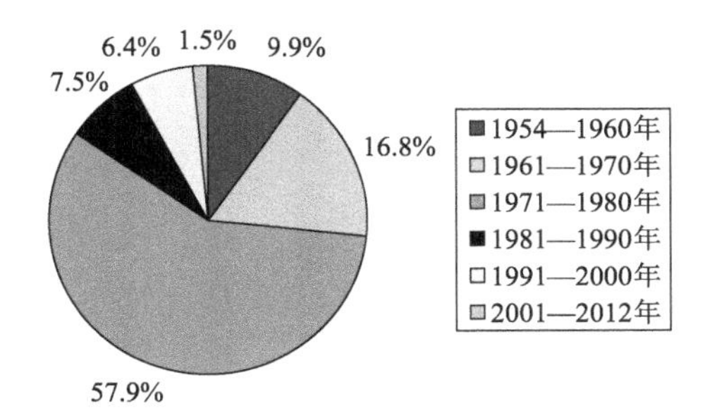

图 3.2.5　1954—2012 年各年代溃坝所占比例扇形图

统计分析结果表示，1971—1980 年为溃坝高峰期，该阶段溃坝数占总溃坝数的 57.9%，其中，1973—1975 年，共溃坝 554 座。此时国内水利工程建设水平较低，科学技术水平低下，水库大坝基本处于无人管理状态，工程资料短缺，更不谈水文观测资料和大坝观测资料，同时受到经济条件和通信条件限制，出现险情难以及时排除。除此以外，1961—1970 年溃坝数量也较多，占总溃坝数的 16.8%。1959—1961 年共溃坝 507 座，此时，国内正处于三年严重困难和“大跃进”的特殊时期，水利工程超标准、超规范运行，导致溃坝数量剧增。改革开放以来，国家加强了对水利工程的建设和管理工作。1980 年开始，溃坝数量明显减少，2000 年后，年均溃坝约 5 座，年均溃坝率为 5.1×10^{-5}，已低于世界平均水平，其中，中东部地区已达到发达国家水平。

除此以外，可以看出，小(2)型水库溃坝数目最多，占溃坝总数的绝大部分，其次为小(1)型水库，小型水库占总溃坝数 95%以上。大型水库仅有两座溃坝，即 1975 年因河南特大洪水导致溃坝的板桥水库和石漫滩水库。

3.2.2.2 按溃坝月份统计

图 3.2.6 为 1954—2012 年我国溃坝数量按月份统计的结果，按季节的不同主要有四汛，即凌汛、春汛、伏汛(夏汛)、秋汛，其中以伏汛和秋汛雨量最大，每年 5—9 月为主汛期；从图中可见，6、7、8 三个月为溃坝高峰期，即夏汛为溃坝的高峰期，说明溃坝数量的月份分布规律显然与汛期有关，即与年内雨情分布密切相关。

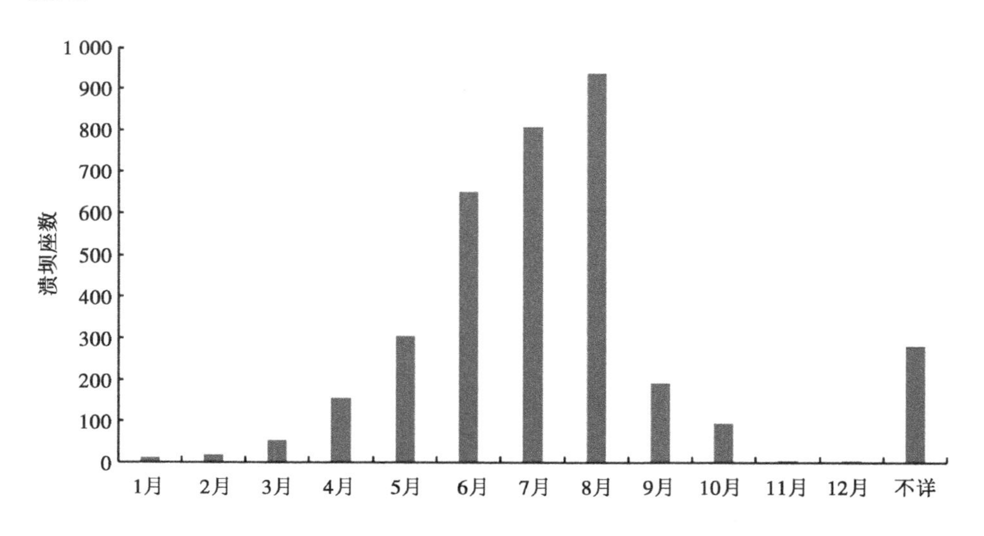

图 3.2.6 不同月份溃坝统计分析图

3.2.2.3 按区域分布统计分析

按溃坝所属省份对溃坝分布情况进行统计分析，表 3.2.4 为我国各省(直辖市、自治区)的溃坝数，图 3.2.7 为溃坝数量前 20 位省份统计柱状图，图 3.2.8 为溃坝率前 20 位省份统计柱状图。

表 3.2.4　不同省(直辖市、自治区)溃坝及溃坝率统计分析表　　单位：%

序号	省(直辖市、自治区)	占总溃坝数百分比	溃坝率	正常运行溃坝率	正常运行溃坝数占总溃坝数比率	正常运行水库多年平均溃坝率
1	北京	0.03	1.2	1.2	100	0.023
2	天津	0.06	1.4	1.4	100	0.026
3	河北	3.66	11.65	10.65	91.4	0.22
4	山西	8.23	39.4	29.55	75	0.743
5	内蒙古	3.46	24.85	19.1	76.9	0.469
6	辽宁	1.17	4.24	2.9	68.4	0.08
7	吉林	2.77	7.84	4.28	54.6	0.148
8	黑龙江	2.97	16.56	5.41	32.7	0.312
9	上海	0	0	0	0	0
10	江苏	0.83	3.16	1.31	41.5	0.06
11	浙江	3.29	2.9	1.74	60	0.055
12	安徽	2.89	2.07	1.77	85.5	0.039
13	福建	2.09	2.72	2.24	82.4	0.051
14	江西	4.86	1.81	1.6	88.4	0.034
15	山东	4.15	2.61	2.21	84.7	0.049
16	河南	4.57	6.83	3.88	56.8	0.129
17	湖北	3	1.81	0.79	43.6	0.034
18	湖南	8.2	2.15	1.48	68.8	0.041
19	广东	5.49	2.9	1.97	67.9	0.055
20	广西	4.29	3.47	2.38	68.6	0.065
21	海南	0.37	1.31	0.51	38.9	0.025
22	四川	11.32	4.2	2.42	57.6	0.079

续表

序号	省(直辖市、自治区)	占总溃坝数百分比	溃坝率	正常运行溃坝率	正常运行溃坝数占总溃坝数比率	正常运行水库多年平均溃坝率
23	贵州	2.37	4.23	3.42	80.9	0.08
24	云南	6.69	4.36	2.53	58.0	0.082
25	西藏	0	0	0	0	
26	陕西	5	17.52	12.91	73.7	0.331
27	甘肃	2.43	31.25	23.53	75.3	0.59
28	青海	0.37	8.55	4.61	53.9	0.161
29	宁夏	1.23	21.72	17.68	81.4	0.41
30	新疆	4.2	29.34	22.16	75.5	0.554

注：由于四舍五入的关系，百分比合计可能不恰好等于100%。

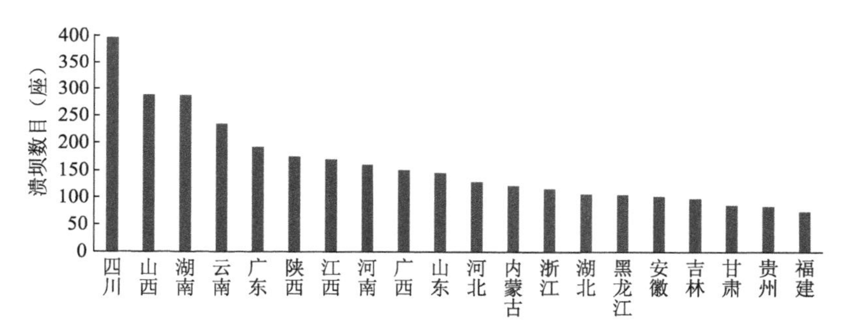

图 3.2.7　溃坝数量前 20 位省份统计图

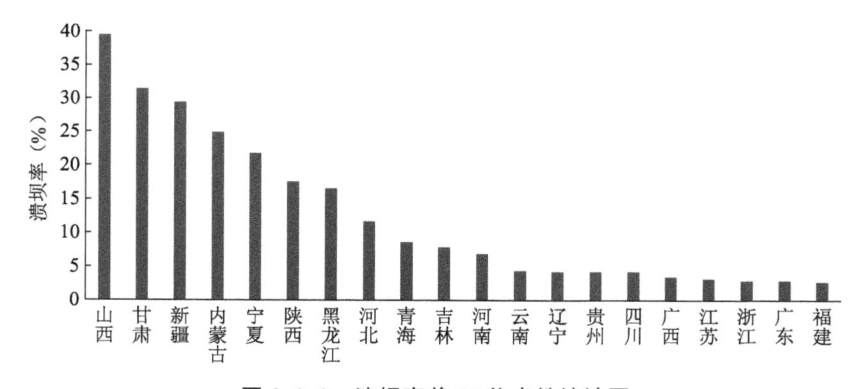

图 3.2.8　溃坝率前 20 位省份统计图

从图3.2.7可以看出，在1954—2012年间，溃坝数量多的省份依次为四川省、山西省、湖南省、云南省和广东省，其中，四川省溃坝数量最多，已达到400座，占全国溃坝总量的11.32%，溃坝事故多发在山区水库大坝，平原水库溃坝数量相对较少。

由图3.2.8可以看出，溃坝率位于前五位的省份分别为山西省、甘肃省、新疆维吾尔自治区、内蒙古自治区和宁夏回族自治区，溃坝率均超过20%，从地域特点来看，这些省份降雨相对较少，水库总数不多，但溃坝率却相对较高。进一步分析高溃坝率地区的溃坝原因可以发现，这部分地区筑坝材料黏粒含量低，抗渗和抗冲能力差，造成大坝防洪和抗渗条件较差，造成这些地区的溃坝率偏高。除此以外，与南方地区相比，北方地区溃坝率相对较高。

3.2.2.4　按工程状态统计

图3.2.9为不同工程状态下大坝失事统计分析结果图，并将水库大坝的工程状态分为正常运行、施工、停建和状态不详四大类。在图3.2.9中，正常运行状态下大坝失事数为2 364座，占失事大坝总数的67.16%；停建状态下大坝失事数为261座，占失事大坝总数的7.41%%；施工状态下大坝失事数为529座，占失事大坝总数的15.03%。结合图3.2.1和图3.2.3分析可知：a.由于早期管理水平较低，导致正常运行下溃坝率较高；b.施工水平低导致了施工期溃坝率较高。

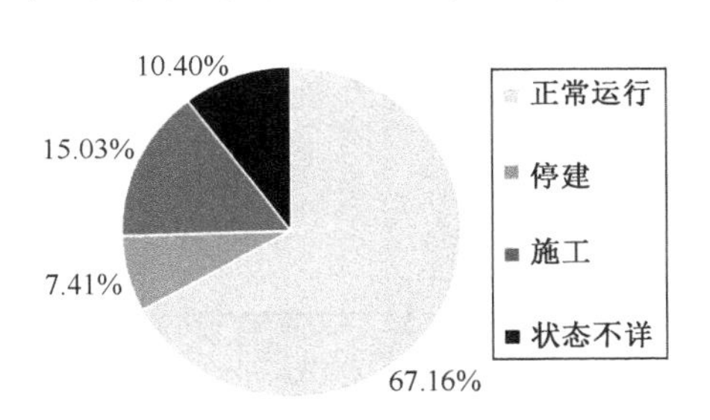

图3.2.9　不同工程状态溃坝统计分析图

3.2.2.5　按坝型统计分析

对溃坝坝型进行统计分析，各类坝型所占溃坝总数的比例见表3.2.5。

表3.2.5　各类坝型溃坝比例统计

坝型	占总溃坝数百分比(%)	坝型	占总溃坝数百分比(%)
混凝土坝	0.34	土坝	93.02
浆砌石坝	1.00	不详	4.73
堆石坝	0.91		

从表3.2.5可以看出，主要溃坝坝型为土坝，溃坝数量占总溃坝数的93.02%，混凝土坝、浆砌石坝、堆石坝溃坝数仅占2.25%。

对土坝进行细化分类，分为均质土坝、黏土心墙坝、黏土斜墙坝、土石混合坝，各类坝型溃坝所占比例见表 3.2.6。

表 3.2.6　土坝各类坝型溃坝比例统计表

坝型	占总溃坝数百分比(%)	占土坝溃坝数百分比(%)	坝型	占总溃坝数百分比(%)	占土坝溃坝数百分比(%)
均质土坝	85.85	92.31	土石混合坝	0.54	0.58
黏土心墙坝	5.23	5.62	不详	1.09	1.17
黏土斜墙坝	0.31	0.33			

注：由于四舍五入的关系，百分比合计可能不恰好等于 100%

从表 3.2.6 可以看出，均质土坝溃坝数量最多，占溃坝总数的 85.85%，占土坝溃坝总数的 92.31%，土坝的其他类型仅占总溃坝数的 7.17%。虽然其他坝型溃坝数量较少，但仍需关注溃坝事故发生的可能。

3.2.2.6　按溃坝原因统计分析

溃坝是多种原因综合造成的结果，对溃坝原因进行统计分析，分析结果详见表 3.2.7。

表 3.2.7　溃坝原因统计

溃坝原因		所占比例(%)	年均溃坝率($\times10^{-4}$)	合计百分比(%)	合计年平均溃坝率($\times10^{-4}$)
漫顶	泄洪能力不足	38.7	3.409 7	51.3	4.509 3
	超标洪水	12.6	1.099 6		
质量问题	坝体坝基渗漏	18.09	1.596 4	37.38	3.296 3
	坝体滑坡	3.23	0.285 0		
	坝体质量差	1.43	0.126 1		
	坝基滑动或塌陷	0.17	0.015 1		
	岸坡与坝体接头处渗漏	2.26	0.199 2		
	新老结合处渗漏	0.40	0.032 9		
	溢洪道	6.12	0.539 7		
	涵洞	5.57	0.491 8		
	其他质量原因	0.11	0.010 1		

续表

溃坝原因		所占比例(%)	年均溃坝率($\times10^{-4}$)	合计百分比(%)	合计年平均溃坝率($\times10^{-4}$)
管理不当	维护运用过程不当	1.77	0.156 4	4.8	0.481 3
	超蓄	1.14	0.100 9		
	溢洪道筑埝未及时拆除	0.43	0.037 8		
	无人管理	1.46	0.186 2		
其他		6.57	0.580 1	6.57	0.580 1

注：由于四舍五入的关系，百分比合计可能不恰好等于 100%

从表 3.2.7 可以看出，漫顶为我国溃坝的主要原因，包括泄洪能力不足、超标准洪水等，占溃坝总数的 51.3%，其中，泄洪能力不足占 38.7%，超标洪水占 12.6%。此外，因质量问题造成溃坝占溃坝总数的 37.38%，其中坝基坝体渗漏破坏所占比例最大，约占 18.09%，其他质量原因按溃坝率大小依次为溢洪道破坏、涵洞破坏、坝体滑坡。大坝的管理不当也是造成溃坝的重要原因之一，占溃坝总数的 4.8%。其他原因造成的溃坝占 6.57%，包括溢洪道堵塞、工程布置不当等。

3.2.3　大坝失事模式及路径分析

3.2.3.1　拱坝失事模式及路径分析

拱坝是高次超静定的复杂结构，依靠地基提供的拱向推力来平衡水压力等。造成拱坝失事的原因有洪水、地震、山体滑坡、上游垮坝、异常温变和材料老化等。拱坝失效模式主要有漫顶、失稳溃坝、超量开裂、剪滑垮坝及其他 5 种，详见表 3.2.8。

表 3.2.8　拱坝失效模式分析

失效模式	失事原因	结果
漫顶	泄洪能力不足； 超标洪水； 上游库岸岸坡坍塌滑坡	漫顶导致溃坝
失稳溃坝	持续降雨、洪水导致库水位变化过快； 地震导致坝肩、坝基材料液化； 岸坡失稳坍塌	岸坡岩体受压坍塌； 拱端岩体损坏、岸坡塌陷； 拱坝失稳溃坝

续表

失效模式	失事原因	结果
超量开裂	坝体应力超限； 材料老化； 混凝土质量缺陷； 软弱夹层破坏	裂缝超量开裂、大量漏水导致大坝失去挡水功能
剪滑垮坝	上游垮坝、山体滑坡导致高水位洪水； 坝肩或坝肩岩体抗剪强度下降； 防渗帷幕失效或排水孔受堵导致坝基扬压力增大	结构薄弱面剪滑垮坝； 岸坡抗剪强度降低； 基岩抗剪强度降低； 坝体沿建基面失稳
其他	大坝运行管理不当； 战争、恐怖袭击	溃坝

拱坝失事路径主要有坝体破坏、坝基破坏、近坝高边坡破坏和其他 4 种形式，详见表 3.2.9。

表 3.2.9　拱坝失事路径

失事模式	拱坝失事路径
坝体破坏	低水位＋持续环境低温→运行期坝体温度应力超限→上下游面水平缝→干预无效→大坝失事
	封拱温度变高或偏低→运行期坝体温度应力超限→坝体开裂→干预无效→大坝失事
	洪水→水位上升→岸坡防渗设计不当或施工质量差→强度不足→冲毁坝址→干预无效→大坝失事
	坝体分层浇筑面质量差→接缝面开裂渗流→大坝整体性受损→干预无效→大坝失事
	坝体断面、材料选择不当→坝体刚度与基岩刚度差别大→坝体受力开裂→干预无效→大坝失事
	坝肩软弱层处理不当→蓄水受力→软弱面开裂→干预无效→大坝失事
坝基破坏	高水位→防渗帷幕失效或排水孔堵塞→坝基扬压力增大→岩基抗剪强度降低→干预无效→大坝失事
	坝体反复受力→岩体疲劳破坏→坝基开裂→干预无效→大坝失事
近坝高边坡破坏	洪水→水位上升→岸坡岩体受压塌陷→干预无效→大坝失事
	高水位＋防渗帷幕失效或排水孔堵塞→坝基扬压力增大→岸坡抗剪强度降低→干预无效→大坝失事
	地震→拱端岩体软弱面破坏→拱端岸坡破坏→干预无效→大坝失事
其他	管理不当→超蓄＋岸坡防渗设计不当或施工质量差→坝基扬压力增大→基岩或岸坡抗剪强度降低→干预无效→大坝失事

3.2.3.2　重力坝失事模式及路径分析

重力坝是我国数量较多的坝型之一，具有较高的安全度，适用性广。重力坝的失事原因主要有防洪能力欠缺、结构失稳、扬压力过高、勘测设计深度不够、地震荷载等，重力坝失效模式主要有漫顶、坝基破坏、坝体破坏及其他共 4 种，详见表 3.2.10。

表 3.2.10　重力坝失效模式分析

失效模式	失事原因	结果
漫顶	持续降雨、洪水导致库水位变化过快； 防洪标准不足； 溢洪道泄流能力不足； 上游坝群失事导致超标洪水	漫顶导致溃坝
坝基破坏	坝基扬压力过高； 坝基软弱底层破坏； 坝基深处断层开裂	沿坝基面产生滑动； 深层岩体剪切破坏； 坝体失稳导致溃坝
坝体破坏	设计施工不足； 地震导致坝体薄弱环节开裂； 坝体应力超限； 混凝土结构腐蚀开裂	坝体裂缝扩展； 坝体结构失事导致溃坝
其他	大坝运行管理不当； 战争、恐怖袭击	溃坝

重力坝的失事路径主要有坝体破坏、坝基破坏、漫顶和其他 4 种形式，详见表 3.2.11。

表 3.2.11　重力坝失事路径

失事模式	重力坝失事路径
坝体破坏	洪水→边坡强度不足→坝坡失稳→干预无效→大坝失事
	地震→坝体薄弱环节开裂→裂缝扩展→干预无效→大坝失事
	地震→分封错位＋止水破坏→坝体漏水→干预无效→大坝失事
	发生腐蚀→混凝土结构腐蚀开裂→裂缝扩展→干预无效→大坝失事
	库水位下降过快→边坡孔隙压力增大→有效应力降低→坝坡失稳→干预无效→大坝失事
漫顶	洪水→无溢洪道或溢洪道断面过小→泄洪能力不足→洪水漫顶→干预无效→大坝失事
	连续暴雨→洪水超设防标准→洪水漫顶→干预无效→大坝失事

续表

失事模式	重力坝失事路径
漫顶	地震→坝体纵向裂缝→坝体滑动→坝顶高程降低→洪水漫顶→干预无效→大坝失事
坝基破坏	高水位→坝基深部断层开裂扩展或软弱夹层破坏→坝体失稳→干预无效→大坝失事
	上游防渗设计不足或防渗帷幕施工存在缺陷→坝基扬压力升高→竖向有效荷载变小→沿坝基面产生滑动→干预无效→大坝失事
	上游防渗设计不足或防渗帷幕施工存在缺陷→坝基扬压力升高→沿坝基面产生滑动→基岩康健强度降低→干预无效→大坝失事
	地震→软弱夹层破坏或裂隙扩展→上下游滑坡→坝肩失稳→干预无效→大坝失事
其他	管理不当→超蓄→岸坡防渗设计不当或施工质量差→坝坡失稳→干预无效→大坝失事

3.2.3.3 土石坝失事模式及路径分析

土石坝是失事数量最多、失事率最高的坝型，土石坝失事受到多种因素的影响，包括结构老化、暴雨、洪水、地震、勘测设计深度不够等，土石坝失效模式主要有漫顶、结构破坏、渗透破坏及其他共 4 种，详见表 3.2.12。

表 3.2.12 土石坝失效模式分析

失效模式	失事原因	结果
漫顶	持续降雨、洪水导致库水位变化过快； 防洪标准不足； 溢洪道破坏； 上游坝群失事导致超标洪水	漫顶导致溃坝
结构破坏	持续降雨、洪水导致库水位变化过快； 地震诱发基础液化； 坡比不合理； 泄水建筑物被冲毁	坝体局部破坏造成溃坝； 坝体滑坡
渗透破坏	坝基或坝体反滤层设计不足； 不均匀沉降导致裂缝； 坝体干缩裂缝； 基础渗漏； 接触部位渗漏	渗透变形导致溃坝
其他	大坝运行管理不当； 战争、恐怖袭击	溃坝

土石坝的失事路径主要有漫顶、渗透破坏、坝坡失稳及其他共4种形式，详见表3.2.13。

表3.2.13 土石坝失事路径

失事模式	土石坝失事路径
漫顶	洪水→无溢洪道或溢洪道断面过小→泄洪能力不足→洪水漫顶→干预无效→大坝失事
	连续暴雨→洪水超设防标准→洪水漫顶→干预无效→大坝失事
	地震→坝体纵向裂缝→坝体滑动→坝顶高程降低→洪水漫顶→干预无效→大坝失事
渗透破坏	洪水→坝体或坝基集中渗流→管涌→干预无效→大坝失事
	洪水→地下埋管发生接触冲刷破坏→干预无效→大坝失事
	坝体与山体结合面或山体裂缝岩层未严格处理→绕坝渗流→管涌→干预无效→大坝失事
	坝体填筑质量差，有裂缝→汛期库水位上升→坝体渗漏→管涌→干预无效→大坝失事
	地震→坝体横向裂缝→漏水通道→管涌→干预无效→大坝失事
坝坡失稳	持续降雨→坝体上部饱和→纵向裂缝→坝体局部失稳→坝顶高程降低→干预无效→大坝失事
	地震→砂砾层液化→坝体滑坡→干预无效→大坝失事
	坝体填筑质量差→蓄水→坝体滑坡→干预无效→大坝失事
其他	管理不当→超蓄→遭遇洪水→漫顶→干预无效→大坝失事

3.3 流域梯级坝群风险分类

流域梯级坝群的风险是客观存在的，且与单一大坝的风险相比，流域梯级坝群风险往往存在叠加和传递效果，子风险种类也更多，识别更加复杂，灾害链更长，影响范围也更大[196]。根据风险自身的特征及风险后果的不同，可将流域梯级坝群的子风险做如下分类。

3.3.1 按风险因素分类

借鉴以往单座水库大坝失事统计及原因分析的研究成果[69-70]，参照《水库大坝安全评价导则》(SL 258—2017)[197]，根据影响大坝安全的风险因素(风险源)进一步将流域梯级坝群子风险划分为工程风险、环境风险、人因风险和其他风险四类。

(1) 工程风险

单座大坝自身的工程风险包括坝基岩(土)体或筑坝材料的性能变化，设计、施工或其他因素引发的潜在结构缺陷，生物危害等。根据国内外失事工程资料分析，研究大坝主要失事状况，总结大坝自身的主要风险，见表3.3.1。

表3.3.1 大坝自身工程风险类型

风险类型	大坝自身风险
坝基性能劣化	1. 基础不均匀沉陷和变形； 2. 基岩软弱面材料压碎或拉裂； 3. 基岩软弱夹层因高压渗流冲蚀发生溶蚀破坏； 4. 坝基水长期侵蚀导致帷幕中可溶性组分溶出和分解，引起帷幕的微细观结构发生改变、渗透性增大
筑坝材料老化	1. 迎水面侵蚀、雨水冲刷、冻融冻胀等因素导致材料安全性能降低； 2. 风化侵蚀、渗漏溶蚀、冲磨空蚀等导致材料强度和防渗能力降低； 3. 溢洪道、泄洪涵闸冲刷严重或设备陈旧导致闸门老化锈蚀，甚至失灵
设计缺陷	1. 未充分考虑地震荷载或抗震标准不够； 2. 洪水设计标准偏低； 3. 溢洪道设计的泄流能力不足； 4. 坝基深部断层或软弱夹层未能及时发现和处理
结构缺陷	1. 重力坝：坝基面滑动失稳，坝体应力超限，坝体开裂，溢洪道淤堵导致过流能力下降等； 2. 拱坝：坝肩滑动失稳，坝体强度破坏，近坝高边坡破坏，坝体开裂等； 3. 土石坝：超标洪水导致漫顶，坝体渗透破坏，坝坡失稳等
施工质量缺陷	1. 基础防渗质量不合格； 2. 坝体防渗质量不合格； 3. 坝体填筑质量不合格
生物危害	白蚁、鼠、蛇等造成的上下游贯穿性洞穴

(2) 环境风险

环境风险既包含自然灾害，例如区域性洪水、地震、滑坡等；又包括由水库梯级开发而诱发的潜在风险，例如水库诱发地震、水库泥沙淤积、塌岸等。这些环境风险往往难以避免，是影响流域梯级坝群安全服役的重要因素。

自然灾害造成的风险具有突发性、严重性、不可避免性等特点。我国自然灾害种类多、频率高、强度大，极端灾害一旦发生，会同时对流域中多座大坝造成威胁，导致整体坝群风险叠加累积，例如：区域性大洪水可能会导致流域梯级坝群连续溃坝，造成不堪设想的后果。

梯级电站的开发在利用水资源的同时，会对坝址周围环境造成一定的潜在风险。以泥沙淤积为例，筑坝后上游水位抬升，水流进入库区后水面坡度和流速沿程减小，故挟沙能力降低，产生泥沙淤积现象，导致水库有效库容减小和调洪能力降低，从而影响河道过水通航的能力和水工建筑物的正常运行。

（3）人因风险

由于流域梯级坝群所处流域面积广，一般会跨越多个县、市甚至省份，社会环境往往存在差别，因此在流域梯级坝群全生命周期管理中，需要管理人员以防洪兴利和可持续发展为目标，通过有序、科学的运行管理充分利用水资源，从而实现社会、经济和环境效益最大化。而流域梯级坝群的日常管理与管理人员的工作密不可分，管理人员作为各个环节的重要执行者，人的行为将直接影响流域梯级坝群的规划、建设与管理。同时，人在受生理、心理、环境等多方面因素的影响下，极易发生人因失误（如未能及时完成调度、及时开关泄洪设备等），从而造成一系列影响流域梯级坝群安全的风险事件。

近年来，由于筑坝技术的提升与施工监管的重视，因大坝自身风险而造成的溃坝事件逐渐减少，而由人因风险造成失事的比重也逐渐上升，人因风险已经成为影响流域梯级坝群安全的最主要因素之一。

（4）其他风险

影响流域梯级坝群服役因素中还存在例如恐怖袭击、战争等其他一系列不易预测的潜在风险因素。如 1943 年 5 月，正当德国几座大型水库蓄水达最高水位时，英国用轰炸机进行炮轰，导致鲁尔河上游的默讷（Möhne）重力坝和威悉河上的埃德尔（Eder）重力坝溃决，给下游造成了极大的损失。

3.3.2 按风险后果分类

流域梯级坝群服役过程中由于受到风险影响，会处于长期的风险状态，而最不利的风险状态即为溃坝。流域梯级坝群中任意单元大坝的溃决都可能引起大量生命伤亡、重大财产毁损、历史遗迹冲毁破坏、自然生态环境恶化，给居民带来无法忘却的精神痛苦以及产生巨大的社会影响。图 3.3.1 为流域梯级坝群发生极端溃坝风险后的影响示意图。结合风险可能产生的后果，可将流域梯级坝群风险划分为生命风险、经济风险、环境风险和社会风险四个方面。

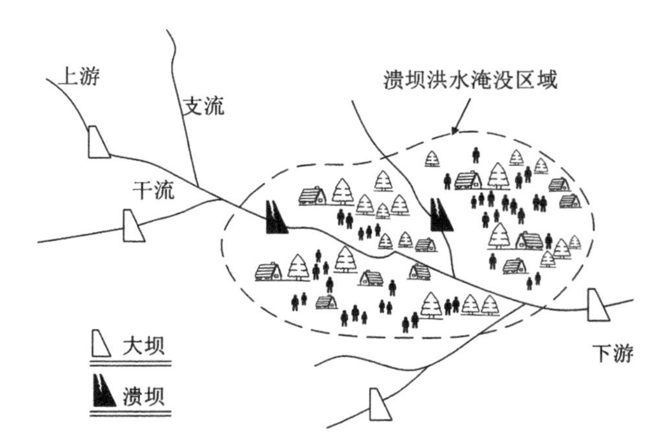

图 3.3.1　流域梯级坝群风险后果示意图

（1）生命风险

生命风险指流域梯级坝群各个梯级在建设和服役的过程中，对上下游一定区域的居民或个人生命造成潜在的危险，即生命损失。而个人和群体的生命安全是流域梯级坝群风险防控中最为重要的保护对象，可认为是四类风险中最为重要的一种风险。

对某个既定的个人或区域而言，生命风险越高，则水库大坝潜在的危害越大，即库容越大或大坝失事的概率越高。对生命损失而言，在大坝失效概率一定的情况下，其大小主要与风险人口、预警时间、溃坝洪水强度等因素有关，可以进一步将生命损失 LOL 表示为：

$$LOL = PAR \times f \times i \times c \tag{3.3.1}$$

式中：PAR 为因溃坝所引起的洪水淹没范围内的风险人口；f 为风险人口的死亡率；i 为溃坝洪水严重程度影响系数，由溃坝洪水强度、淹没区土地类型及建筑物抗洪性能、政府部门提前预警时间、从淹没区撤离的条件等因素决定；c 为考虑其他潜在因素影响的修正系数。

（2）经济风险

经济风险是指流域梯级坝群中各梯级大坝在建设和服役过程中，对上下游一定区域的经济水平构成潜在的危害，即经济损失，由直接经济损失和间接经济损失两部分组成。直接经济损失一般包括流域梯级坝群中单元大坝自身和配套电站厂房破坏、房屋倒塌,屋内财产,工业设施、农业耕地破坏,公路、桥梁、供水、供电、通信等基础设施破坏等。通常按损失率计算,即:

$$S_1=\sum_{k=1}^{n} S_{1k}=\sum_{k=1}^{n}\sum_{i=1}^{m}\sum_{j=1}^{l}\beta_{kij}W_{kij} \tag{3.3.2}$$

式中:S_1 为因溃坝造成的直接经济损失;S_{1k} 为因溃坝造成的第 k 类财产损失;W_{kij} 为第 k 类第 i 种财产在第 j 个受灾区域内的价值;β_{kij} 为第 k 类第 i 种财产在第 j 个受灾区域内的损失率;n 为受灾区域内的财产类别数;m 为第 k 类财产类别数;l 为因溃坝导致的受灾区域数。

间接经济损失包括流域梯级坝群和工业、农业、运输业、通信、电力等行业中受损基础设施应有收入损失与重建或维护费用,应急行动、临时住宅、临时交通修建、清除污染、防治瘟疫等应急抢险费用。通常某项经济损失的间接损失与直接损失息息相关,因此可以采用折减系数对间接经济损失进行估计:

$$S_{Ji}=\lambda_i S_{Zi} \tag{3.3.3}$$

式中:S_{Ji} 为因溃坝导致的第 i 单位的间接经济损失;λ_i 为因溃坝导致的第 i 单位的间接经济损失折算系数;S_{Zi} 为因溃坝导致的第 i 单位的直接经济损失。

(3) 环境风险

流域梯级坝群的修建可预防和规避自然洪水灾害,但流域梯级坝群中任一大坝发生失事都会对生态、渔业、微生物以及人文环境等造成难以估计的风险威胁。同时,因大坝失事而产生的洪水会对河道生态环境造成重大破坏,造成稀有保护动植物的濒危,对文物古迹、艺术珍品等造成不可修复的破坏。当前随着社会经济水平的发展和提高,人们开始关注溃坝事件对生态环境的影响,但由于溃坝事件发生一般较为突然,发生时均以挽救生命、保护经济财产为主,通常在溃坝事件后通过长期的人为干预来改善流域体系的环境。

(4) 社会风险

社会风险需要从社会宏观角度出发考虑,一旦流域梯级坝群中发生溃坝,将会对社会各方面造成不利的影响作用,主要包括生命损失情况,即给受灾区域居民生命安全以及心理健康带来的威胁;经济损失情况,即造成受灾区内直接或间接的经济损失;政治影响,即对政府公信力与社会稳定产生的不利影响。

综上所述,将上述两大类子风险进行整理,得到如图 3.3.2 所示的流域梯级坝群风险分类示意图。从图中可知，在风险后果方面已有不少学者进行了研究，在大坝工程风险领域也有相当一系列成熟的研究，但在人因风险方面，研究较为匮乏，而流域梯级坝群相较于单座大坝的情况更为复杂，需要从造成人因风险的人因失误角度出发，重点分析流域梯级坝群中的人因失误，进一步揭示人因风险的产生过程。

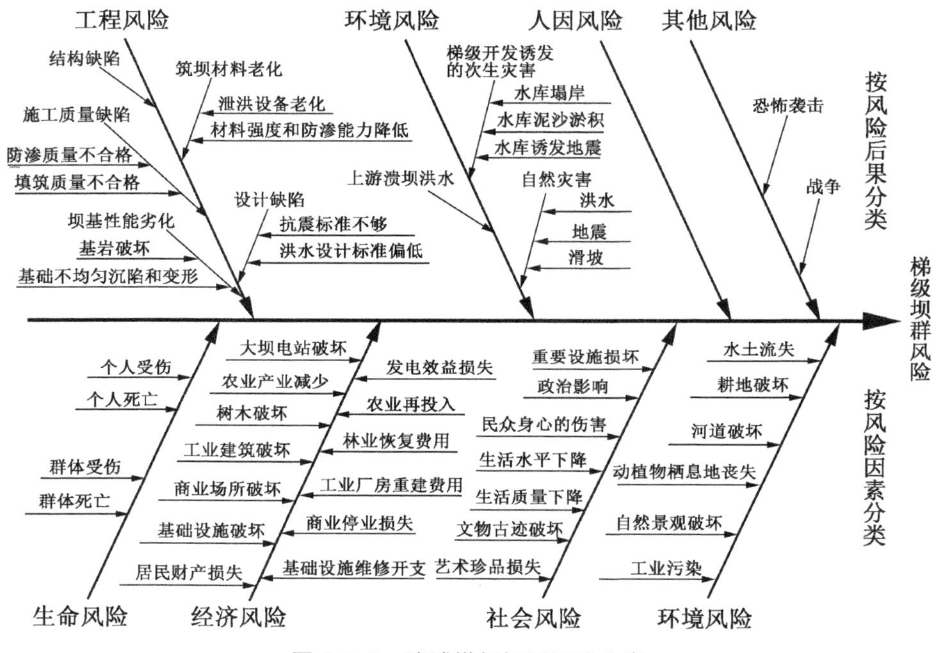

图 3.3.2 流域梯级坝群风险分类

3.4 流域梯级坝群风险度量方法

3.4.1 流域梯级坝群中各类子风险的度量

流域梯级坝群中各子风险具有不确定性，难以将其直接表征出来。而在物理学中常使用“熵”对随机变量的不确定性进行度量，用于度量一个系统中信息含量的熵指标也被称为“信息熵”。下面结合信息熵、灰色系统理论、未确知数学等数学理论，从风险因素的角度，进一步对流域梯级坝群中的各类子风险进行度量分析。

3.4.1.1 工程风险的度量

流域梯级坝群中大坝自身的工程风险通常由部分确定的和部分不确定的风险因素组成，则可以将工程风险定义成一种灰色风险。

结合灰色系统理论，可以进一步对流域梯级坝群中大坝自身的工程风险进行度量。设各类工程风险的集合为 S，x 为工程风险因素，存在 $S' \subset S$。灰色子集 A 表示"x 在 S' 中"，显然 $A \subset S$，即：

$$A = \begin{cases} \sum_{i=1}^{n} \bar{\mu}_i / x_i & x \in S' \\ \sum_{i=1}^{n} \underline{\mu}_i / x_i & x \in S \end{cases} \tag{3.4.1}$$

$\bar{\mu}$ 和 $\underline{\mu}$ 分别为 x 在 A 中的上下隶属函数，则：

$$\bar{\mu}(x) = \begin{cases} 1, & x \in S' \\ 0, & x \notin S' \quad 且 \quad x \in S \end{cases} \tag{3.4.2}$$

$$\underline{\mu}(x) \equiv 0, \ x \in S \tag{3.4.3}$$

那么工程风险的灰色度量公式为

$$H(A) = \begin{cases} K' \sum_{i=1}^{n} S(\bar{\mu}_i) & x \in S' \\ K' \sum_{i=1}^{n} S(\underline{\mu}_i) & x \in S \end{cases} \tag{3.4.4}$$

式中：K' 为归一化常数。

$S(\bar{\mu}_i)$ 可以表示为

$$S(\bar{\mu}_i) = -\bar{\mu}_i \ln \bar{\mu}_i - (1 - \bar{\mu}_i) \ln(1 - \bar{\mu}_i) \tag{3.4.5}$$

$S(\underline{\mu}_i)$ 的表达与式(3.4.5)类似，对于连续变量，则可表示为

$$H(A) = \begin{cases} \int_{-\infty}^{+\infty} \omega(x) S(\bar{\mu}_i) \mathrm{d}x & x \in S' \\ \int_{-\infty}^{+\infty} \omega(x) S(\underline{\mu}_i) \mathrm{d}x & x \in S \end{cases} \tag{3.4.6}$$

式中：$\omega(x)$ 为工程风险因素的密度函数。

3.4.1.2　环境风险的度量

流域梯级坝群风险中的环境风险主要来自洪水、地震、滑坡等自然灾害，其诱发因素通常具有随机性，那么可以结合概率熵理论，对具有随机性的环境风险进行度量，表达式为

$$F(p_e) = -K\sum_{i=1}^{n} p_e^i \ln p_e^i \tag{3.4.7}$$

式中：K 为正的常数；p_e^i 是随机风险因素导致环境风险事件 e 发生的概率。

对于连续变量，则可表示为

$$F(p_e) = -\int_{-\infty}^{+\infty} \omega(x) \ln \omega(x) \mathrm{d}x \tag{3.4.8}$$

式中：$\omega(x)$ 为环境风险因素的密度函数。

3.4.1.3　人因风险的度量

流域梯级坝群风险中的人因风险是由各级管理人员发生人因失误而导致的，不像环境风险一样具有随机性，而是模糊不确定的，因此可以通过模糊数学理论对人因风险进行描述与度量。

设各类人因风险的集合为 S，x 为人因风险因素，A 表示人因风险集合 S 的一个模糊子集，μ 为隶属函数，则：

$$A = \sum_{i=1}^{n} \mu_i / x_i \tag{3.4.9}$$

式中：$x_i \in S$；μ_i 的范围为[0, 1]。

那么人因风险的模糊度量公式为

$$M(A) = K'\sum_{i=1}^{n} S(\mu_i) \tag{3.4.10}$$

式中：K' 为归一化常数。

$S(\mu_i)$ 可以表示为

$$S(\mu_i) = -\mu_i \ln \mu_i - (1-\mu_i)\ln(1-\mu_i) \tag{3.4.11}$$

对于连续变量，则可表示为

$$M(A)=\int_{-\infty}^{+\infty}\omega(x)S(\mu_i)\mathrm{d}x \tag{3.4.12}$$

式中：$\omega(x)$ 为人因风险因素的密度函数。

3.4.1.4　其他风险的度量

恐怖袭击、战争等其他风险通常是不可预测的，难以对其进行度量。因此引入未确知数学理论，通过使用主观可信度来对流域梯级坝群风险中的其他风险进行度量。

设对于某分布区间 $[a, b]$，其他风险函数 $F(x)$ 满足以下条件：

(1) $F(x)$ 是 $[a, b]$ 上的不减右连续函数；

(2) $0\leqslant F(x)\leqslant 1$；

(3) 当 $x<a$ 时，$F(x)=0$；当 $x>b$ 时，$F(x)=F(b)\leqslant 0$。

则认为 $[a, b]$ 和 $F(x)$ 构成一个其他风险变量，记为 $\{[a, b], F(p_e)\}$。

其他风险的度量公式为

$$\{[a, b], F(p_e)\}=-K\sum_{i=1}^{n}p_e^i\otimes\{[x_{\lambda_1}, x_{\lambda_2}], F(p_e^i)\} \tag{3.4.13}$$

式中：K 为正的常数；$[a, b]$ 为其他风险的分布区间；$F(p_e^i)$ 为其他风险的分布函数 $F(x)$ 的取值，即其他风险因素 x_i 落在区间 $(x_{\lambda_1}, x_{\lambda_2}]$ 上的可信度；$\otimes$ 符号为未确知数学中的乘法数学操作符。

对于连续变量，式(3.4.13)可表示为

$$\{[a, b], F(p_e)\}=-\int_a^b\omega(x)\otimes\{[x_{\lambda_1}, x_{\lambda_2}], F(x)\}\mathrm{d}x \tag{3.4.14}$$

式中：$\omega(x)$ 为其他风险因素的密度函数。

当分布区间 $[a, b]$ 变为 $[-\infty, +\infty]$ 时，式(3.4.14)变为

$$\{[-\infty, +\infty], F(p_e)\}=-\int_{-\infty}^{+\infty}\omega(x)\otimes\{[x_{\lambda_1}, x_{\lambda_2}], F(x)\}\mathrm{d}x \tag{3.4.15}$$

3.4.2　流域梯级坝群风险的度量

流域梯级坝群风险由流域梯级坝群中各类子风险通过传递叠加形成，那么

流域梯级坝群中传递的风险可进一步表示为流域梯级坝群风险中的各单个子风险按照流域梯级坝群特有结构传播所体现的关系风险，这是由流域梯级坝群的内部结构所决定的。根据流域梯级坝群的复杂构成，可将系统中传递的子风险分为串联关系风险、并联关系风险和混合关系风险。

流域梯级坝群串联关系风险是当流域梯级坝群中各单元大坝的任意一个或多个子风险发生都会导致整个流域梯级坝群风险事故的发生，故单个子风险与流域梯级坝群风险的关系表达式为

$$R=\prod_{i=1}^{n}R_i \tag{3.4.16}$$

式中：R 为流域梯级坝群风险；R_i 为流域梯级坝群中各串联关系风险。

流域梯级坝群并联关系风险是指当流域梯级坝群中各单元大坝的多个子风险一起发生时才会导致整个流域梯级坝群风险事故的发生，故单个子风险与流域梯级坝群风险的关系表达式为

$$R=\max R_i \tag{3.4.17}$$

式中：R 为流域梯级坝群风险；R_i 为流域梯级坝群中各并联关系风险。

流域梯级坝群混合关系风险是指对于流域梯级坝群中各单元大坝的子风险来说，某些子风险任意一个发生都会导致流域梯级坝群风险事故的发生，而另外一些子风险则需要多个一起发生才会导致整个流域梯级坝群风险事故的发生。

3.5 本章小结

本章针对流域梯级坝群风险及其量化分析方法展开了研究，分析了流域梯级坝群中不同坝型的失事规律与模式，探究了流域梯级坝群中各类子风险及相关因素，提出了梯级坝群风险量化方法，主要研究内容及成果如下。

（1）通过对国内外溃坝资料的统计整理，分析了大坝溃坝的主要原因及失事规律，归纳总结了影响大坝运行安全的主要因素，统计分析了我国大坝失事时空变化特征，在此基础上，深入分析了拱坝、重力坝、土石坝的失效原因、失事模式以及失效导致的后果。

（2）分别从风险因素和风险后果的角度，对我国大坝事故进行统计分析，探究了大坝风险的致因，据此对流域梯级坝群的子风险进行了分类，为具体分析流域梯级坝群风险提供了依据。

（3）基于信息熵、灰色系统、未确知数学等理论，提出了流域梯级坝群的风险度量方法，并从不同子风险之间关联性的角度，建立了流域梯级坝群风险分析模型。

第四章

流域梯级坝群风险链式效应分析及失效路径挖掘方法

4.1 概述

上一章研究了流域梯级坝群风险度量方法，为本章研究提供了基础。对于流域梯级坝群而言，它是由各单一大坝组成的。目前，单一大坝的失效路径识别研究较多，主要通过构建“风险因素—风险因子—失效（溃决）”的大坝失效路径集合，再通过分析属性指标的影响程度赋予权重，由此挖掘出最有可能的风险因素及风险因子，并辨识出最有可能的失效路径，这对流域梯级坝群失效路径的分析具有一定借鉴价值。但流域梯级坝群风险的形成和单一大坝不同，其风险的作用效应也不同，尤其是存在风险的链式效应问题，因而单一大坝失效路径辨识方法难以直接应用于流域梯级坝群的失效路径识别。关于流域梯级坝群风险链式效应，目前主要从单一水力影响角度开展研究，对复杂影响因素作用下引起的风险链式效应探究不充分。因此，需要结合流域梯级坝群的实际情况，考虑各大坝间风险传递的链式效应，对风险传递模式进行有效挖掘，分析梯级大坝之间的风险效应模式，由此进一步挖掘流域梯级坝群中所有可能的失效路径，辨识出最有可能的失效路径。

本章结合流域梯级坝群的特点，分析流域梯级坝群风险的影响，建立单一与多重风险传递分析模型，量化流域梯级坝群的风险传递效应，提出基于可拓层次分析法-熵权法-TOPSIS 的流域梯级坝群风险链式效应分析模型。基于决策试验与评价实验室分析方法以及数学和多准则优化妥协方法，挖掘流域梯级坝群可能的失效路径，提出流域梯级坝群主要失效路径辨识方法。

4.2 风险效应及传递模式

流域梯级坝群中各单元大坝之间存在一定的水文和水力联系，系统中单元大坝受到由风险因素引起的风险将会先在自身系统内形成单元大坝风险，再在流域梯级坝群系统中沿着这种联系进行不断传递，当传递叠加的风险超过整个系统或系统中单元的承受能力时，将会引发流域梯级坝群风险事故。图 4.2.1 为环境风险在流域梯级坝群中传递的示意图。

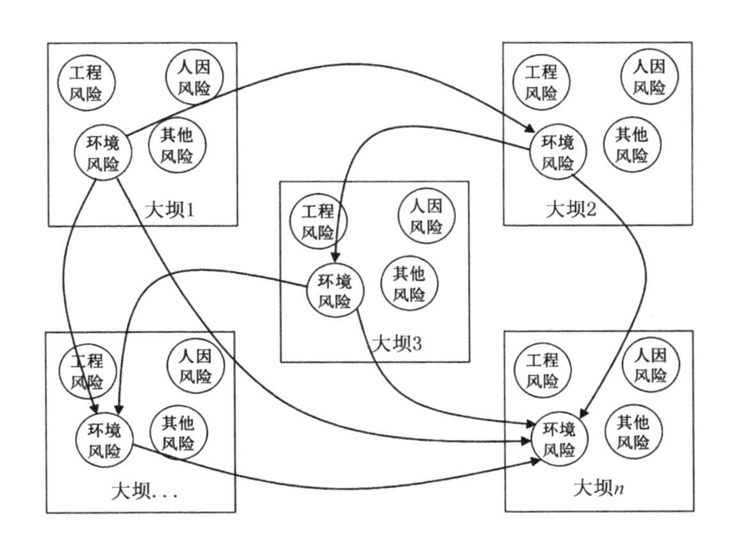

图 4.2.1　流域梯级坝群中风险传递示意图

显然，要进一步量化分析流域梯级坝群风险链式效应，需要先探明风险效应对流域梯级坝群的影响，以及流域梯级坝群中风险传递的模式。接下来将针对流域梯级坝群中的风险效应及风险传递模式进行研究。

4.2.1　风险效应表征

可靠度理论常用于系统工程的安全分析，可以有效反映分析对象的安全程度。接下来以风险在流域梯级坝群服役过程中对整体安全的效应为目标，先从风险对单座大坝结构可靠性的影响出发，进一步分析风险对流域梯级坝群可靠性的影响。

4.2.1.1　对单座大坝结构可靠性的影响

结合上一章的研究，可知在流域梯级坝群任意单元大坝中，风险都是客观存在的，且风险会导致大坝的结构抗力和荷载效应往与设计初衷相悖的方向发展，并进一步诱发一系列潜在事故事件甚至失事事件(统称风险事件)。

基于结构的可靠度理论，结构从安全到破坏的极限状态可以用其荷载效应S和结构抗力R之间的关系来加以描述。即结构状态功能函数可概括为

$$Z = R - S \tag{4.2.1}$$

式中：Z为大坝的状态函数；$Z>0$时，大坝处于安全状态；$Z=0$时，大坝处于极限状态；$Z<0$时，大坝处于破坏状态。

实际上，大坝安全状态—极限状态—破坏状态的变化，正是因为风险效应。为了直观表征风险对大坝结构可靠性影响，从风险对大坝结构状态的影响入手，引入风险效应因子ζ、η，分别表示结构抗力和荷载效应受风险的影响程度，则考虑风险影响的大坝结构可靠度功能函数可以表示为

$$Z_R = R_R - S_R = \zeta R - \eta S \tag{4.2.2}$$

式中：Z_R为考虑风险的大坝结构状态函数；R_R为考虑风险的结构抗力；S_R为考虑风险的荷载效应；R为结构抗力；S为荷载效应；ζ为结构抗力风险影响系数，表示结构抗力受风险影响的程度；η为荷载效应风险影响系数，表示荷载效应受风险影响的程度。一般状况下可以认为，风险会导致结构抗力下降、荷载效应增大，则风险影响系数的取值可以表示为$\zeta<1$，$\eta>1$。

随机变量S和R的分布可以通过本书5.4.2.1节内容运用最大熵理论求解得到，在此简化分析步骤，假定在大坝服役过程中的荷载效应S与结构抗力R均服从正态分布，且极限状态方程为线性关系，S、R的均值分别用μ_S、μ_R表示，标准差分别用σ_S、σ_R表示，则考虑风险效应的荷载效应S和结构抗力R的概率密度曲线如图4.2.2所示。

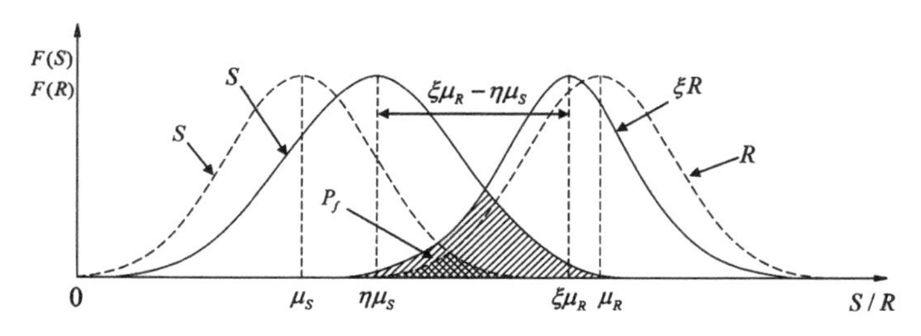

图4.2.2　考虑风险作用的S/R概率密度分布函数

根据大坝服役安全要求，显然大坝结构抗力R应该大于荷载效应S，重叠区域(阴影部分)$R<S$，其大小反映了结构抗力R和荷载效应S之间的概率关

系，即大坝的失效概率。重叠区域越大，则大坝的失效概率越大。均值相差越小，或方差越大，则重叠区域越大，失效概率 P_f 也越大。风险是普遍存在，即存在风险影响系数 $\zeta<1$，$\eta>1$，则如图 4.2.2 所示，受风险影响，大坝下一状态的结构抗力 R 降低、荷载效应 S 增大，相应结构抗力 R_R 和荷载效应 S_R 之间重叠区域较不考虑风险效应时的重叠区域变大，相应的结构失效概率 P_f 也会变大，大坝的可靠性也相应降低。

为了进一步分析风险对大坝可靠性的影响程度，根据可靠度理论，对于 $Z=R-S$，则 Z 也服从正态分布。$Z<0$ 的概率即为大坝的失效概率，可表示为

$$P_f=P(Z)=\int_{-\infty}^{0}f(Z)\mathrm{d}Z \tag{4.2.3}$$

但上式非线性程度较高，计算较为困难，故引入可靠度理论中的可靠指标 β 计算方法。失效概率 P_f 与均值 μ_Z、标准差 σ_Z 的值有关，因此取均值与标准差的比值可反映失效概率情况，即为可靠指标，若取 $\mu_Z=\beta\sigma_Z$，则考虑风险影响下的可靠指标 $\beta_{\zeta\eta}$ 为

$$\beta_{\zeta\eta}=\frac{\mu_{Z_{\zeta\eta}}}{\sigma_{Z_{\zeta\eta}}}=\frac{\zeta\mu_R-\eta\mu_S}{\sqrt{(\zeta\sigma_R)^2+(\eta\sigma_S)^2}}\quad(\zeta<1,\ \eta>1) \tag{4.2.4}$$

由上述分析可知，风险效应会导致大坝结构抗力 R 降低、荷载效应 S 升高，失效概率 P_f 变大，可靠指标 β 变小，则大坝结构可靠性也相应降低。因此，在大坝服役过程中，随着风险对大坝的持续影响，必然会造成大坝结构可靠性的降低。

4.2.1.2　对流域梯级坝群系统可靠性的影响

为了进一步分析风险对流域梯级坝群整体可靠性的影响，引入风险对大坝结构可靠性的影响系数 λ，可表示为

$$\lambda=\frac{\beta_{\zeta\eta}}{\beta}\quad(0<\lambda\leqslant 1) \tag{4.2.5}$$

式中：$\beta_{\zeta\eta}$ 表示考虑风险影响下的单座大坝可靠指标；β 表示不考虑风险影响下的单座大坝可靠指标。

由 n 座大坝组成的流域梯级坝群系统的结构状态向量 $\boldsymbol{Z}=(z_1,\ z_2,\ \cdots,\ z_n)$，则流域梯级坝群整体的可靠度函数可表示为

$$R=\Phi(\boldsymbol{Z})=\Phi(z_1, z_2, \cdots, z_i) \tag{4.2.6}$$

当流域梯级坝群中各单元大坝是串联结构时,可靠度函数为

$$\Phi(\boldsymbol{Z})=z_1 \cap z_2 \cap \cdots \cap z_n \tag{4.2.7}$$

假设各单元大坝是相互独立的,则式(4.2.7)可以展开为

$$\Phi(\boldsymbol{Z})=z_1 z_2 \cdots z_n=\prod_{i=1}^{n} z_i \tag{4.2.8}$$

则考虑风险影响下,串联结构的流域梯级坝群系统可靠度函数可以进一步表示为

$$\Phi(\boldsymbol{Z})=\prod_{i=1}^{n} \lambda_i z_i \tag{4.2.9}$$

根据4.2.1.1节内容,风险效应会导致系统中单元大坝的结构可靠性降低,故由式(4.2.9)可知,系统中单元大坝的结构可靠性降低会导致串联结构的流域梯级坝群系统可靠性降低。因此,风险效应会导致串联结构的流域梯级坝群系统可靠性降低。

当流域梯级坝群中各单元大坝是并联结构时,可靠度函数为

$$\Phi(\boldsymbol{Z})=z_1 \cup z_2 \cup \cdots \cup z_n \tag{4.2.10}$$

假设各单元大坝是相互独立的,则式(4.2.10)可以展开为

$$\Phi(\boldsymbol{Z})=1-(1-z_1)(1-z_2)\cdots(1-z_n)=1-\prod_{i=1}^{n}(1-z_i) \tag{4.2.11}$$

则考虑风险影响下,并联结构的流域梯级坝群系统可靠度函数可以进一步表示为

$$\Phi(\boldsymbol{Z})=1-\prod_{i=1}^{n}(1-\lambda_i z_i) \tag{4.2.12}$$

同理,根据式(4.2.4)和式(4.2.12)可知,系统中单元大坝的结构可靠性降低会导致并联结构的流域梯级坝群系统可靠性降低。因此,风险效应会导致并联结构的流域梯级坝群系统可靠性降低。

实际上,流域梯级坝群是一个由多级串并联结构组成的复杂系统,而不论系

统中单元大坝是串联连接还是并联连接，流域梯级坝群可靠性都会因系统中单元大坝的风险效应而导致整体可靠性的降低。因此，不论系统中单元大坝之间的串并联结构多么复杂，风险效应都会导致流域梯级坝群系统可靠性的降低，从而威胁流域梯级坝群的安全。

4.2.2　风险传递模式

风险传递是指当系统中某个风险因素发生变化的时候，其变化导致其他风险因素变化，进而引起整个系统中其他多个风险因素变化的过程。

结合流域梯级坝群风险的特征，假设 X 为流域梯级坝群中所有风险状态的集合，则存在：

$$X=\{x_1,\ x_2,\ \cdots,\ x_n\} \tag{4.2.13}$$

式中：x_i 表示流域梯级坝群中风险因素的状态，是一个不确定的值。

则风险传递的表达式为

$$y_i=f(x_i) \tag{4.2.14}$$

式中：y_i 表示受到风险因素 x_i 影响的风险状态，$y_i \in X$；$f(\cdot)$ 表示 y 与 x 的对应关系，即为风险传递函数。

4.2.2.1　风险传递的条件

流域梯级坝群风险传递是指风险因素通过一定载体，沿着特定路径，通过对大坝产生影响在坝群内部进行传递的过程，图 4.2.3 为流域梯级坝群中风险传递原理。

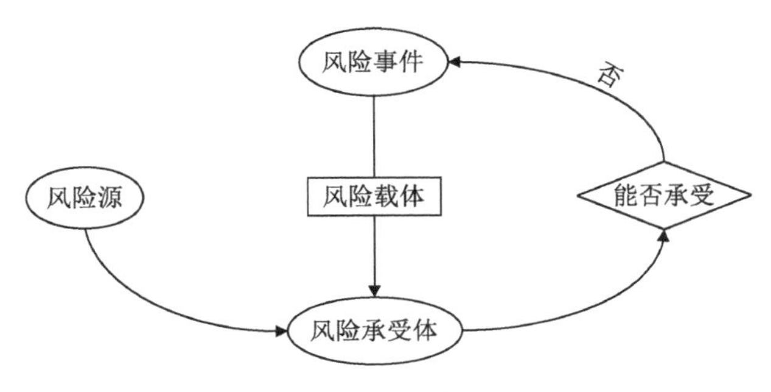

图 4.2.3　风险传递原理

流域梯级坝群风险传递需要具备以下几个条件。

（1）风险源

风险源是最初始的风险因素，是流域梯级坝群系统风险传递的前提，是风险的“源头”。风险源的大小决定了风险事件的严重程度，直接影响到风险在坝群系统中的传递距离。为了有效控制和减小流域梯级坝群中的风险，最主要也是最有效的方法就是从风险源进行控制。

（2）风险承受体

风险承受体是风险的承担者，与风险的传递密切相关。流域梯级坝群中各单元大坝是风险承受体，大坝内部风险与其面临的外部风险耦合叠加后共同作用在大坝上产生风险事件，因此在控制流域梯级坝群系统风险时，需要对流域梯级坝群中每一座大坝进行监控分析，实时监测大坝服役状况，以便及时发现大坝潜在隐患，并采取相应的防灾减灾措施。

（3）风险载体

风险载体是指能够承载风险的介质，在风险传递中起到“媒介、桥梁”的作用，没有载体，风险无法完成传递过程。流域梯级坝群系统中的风险载体主要为水力。例如：上游溃坝后形成大尺度溃坝洪水，以立波形式向下游急速推进，到达下游大坝坝址处形成高流量、高水压、高流速的洪水，破坏力远超过自然形成的常规暴雨洪水。

4.2.2.2 风险传递结构

流域梯级坝群中风险的传递模式过于复杂，而各单元大坝之间的风险传递模式较为明确，故先以单元大坝为对象，进行风险传递结构的探究。

（1）基本传递结构

依据风险的基本传递结构，根据大坝对风险接受的顺序将风险传递结构划分成以下四类。

① 串行传递结构

串行传递结构呈链型，各个风险依次传递后作用于大坝 A，即大坝 A 依次接受风险，结构如图 4.2.4 所示。

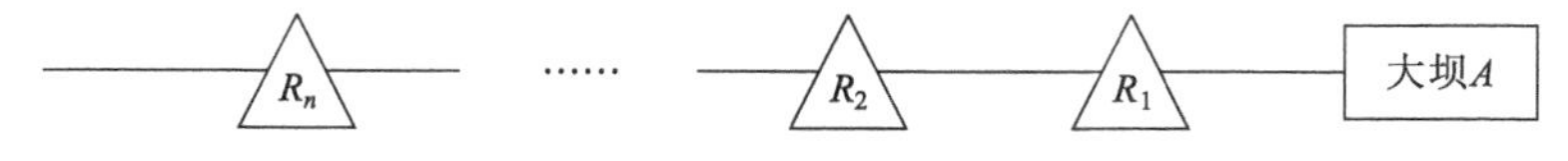

图 4.2.4 风险串行传递结构

则大坝 A 受到的风险 R 为

$$R=\prod_{i=1}^{n}R_i \tag{4.2.15}$$

式中：R_i 为第 i 个风险。

② 并行传递结构

并行传递结构是指多个风险同时作用于大坝 A，各风险之间相互独立，互不影响，即大坝同时接受多个风险，结构如图 4.2.5 所示。

则大坝 A 受到的风险 R 为

$$R=\max R_i \tag{4.2.16}$$

③ 与行传递结构

与行传递结构是一个多层次结构，当传递结构底层的所有风险都发生时，才会传递到上一层形成新的风险作用于大坝 A，结构如图 4.2.6 所示。

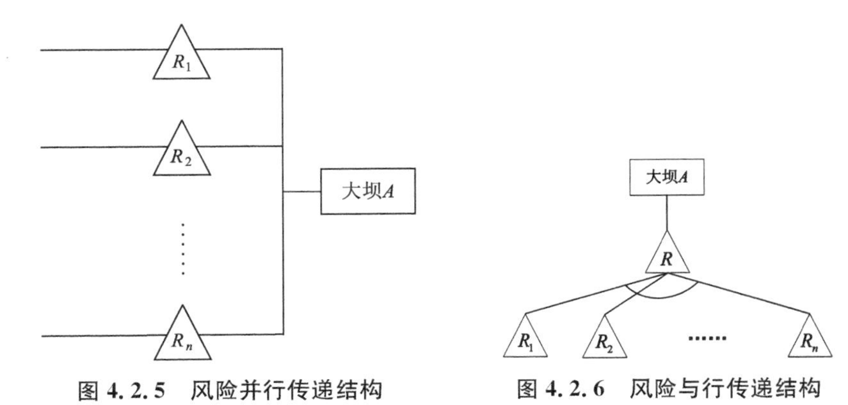

图 4.2.5　风险并行传递结构　　图 4.2.6　风险与行传递结构

则大坝 A 受到的风险 R 为

$$R=\sum_{i=1}^{n}R_i \tag{4.2.17}$$

④ 或行传递结构

或行传递和与行传递的结构类似，但其中的传递逻辑有所区别。当传递结构底层的所有风险中只要有一个风险发生，传递结构底层的风险就可以传递到上一层，并形成新的风险作用于大坝 A。结构如图 4.2.7 所示。

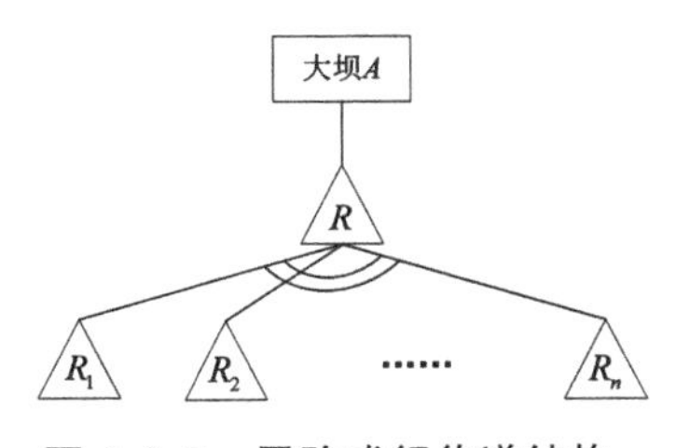

图 4.2.7　风险或行传递结构

则大坝 A 受到的风险 R 为

$$\min R_i \leqslant R \leqslant \max R_i \tag{4.2.18}$$

(2) 复合传递结构

大坝受到的风险是多维度的，基本的 4 种传递结构无法充分表现大坝的风险传递结构，引入树型传递结构与网状型传递结构进行进一步研究。

① 树型传递结构

树型传递结构是风险构成类似于树状形式，初始风险先通过树状结构上的叶节点传递到枝节点上，枝节点上的风险再传递到主干节点上，并形成最终风险事件作用到大坝上。树型传递结构表示了传递结构底层的所有风险在同一时间将风险传递到上一层，并形成新的风险作用于大坝。因此，只要树型传递结构底层的风险有一个发生时，就可以将风险传递到上一层，而不用等待同一层中其他风险发生后一起进行传递。树型传递结构如图 4.2.8 所示。

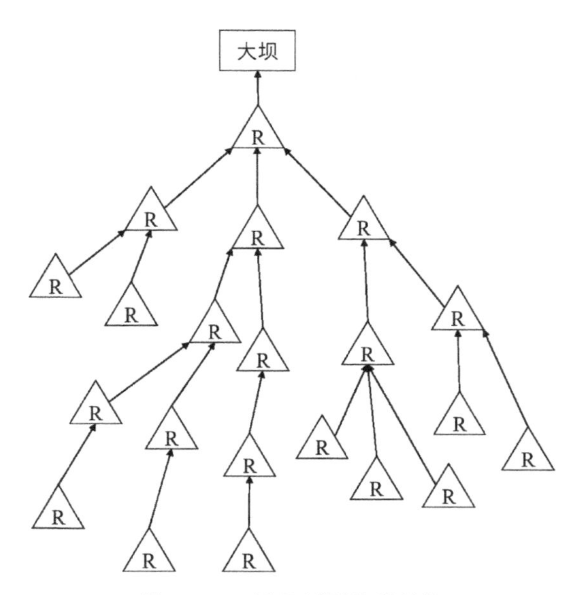

图 4.2.8　风险树型传递结构

② 网状型传递结构

网状型传递结构可以视作由多个相互交叉的串行、并行、与行、或行、树型传递结构混合而成的一种风险传递结构。网状传递结构是比上述风险传递结构都要复杂的一种风险传递结构。在大坝服役过程中，大坝系统中局部发生风险，可能会对邻近部位产生影响，因而作用于各局部的风险往往也是交叉的，看起来像是一张网，其结构如图 4.2.9 所示。

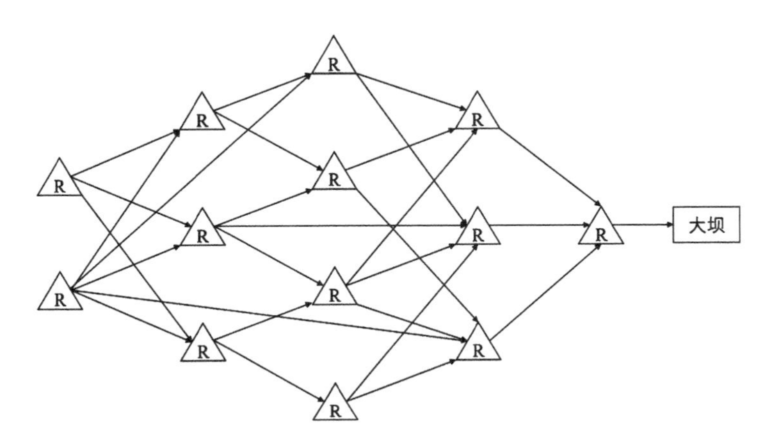

图 4.2.9　风险网状型传递结构

相较风险基本传递结构，复合传递结构复杂了许多，很难直接将其传递过程表征清楚，这与流域梯级坝群系统相类似，故可结合上述风险传递结构，进一步研究流域梯级坝群中风险传递模式。

4.2.2.3　风险传递模型

（1）单一风险传递模型

若流域梯级坝群中 n 个同一类子风险 $x_i(i=1, 2, \cdots, n)$ 在系统内不断传递叠加，导致了流域梯级坝群风险事故的发生，假设 Z 为流域梯级坝群风险 R_S 与单一子风险 x_i 的相关性函数，则流域梯级坝群风险 R_S 可以表示为

$$R_S = Z(x_n) = b_1 x_1 + b_2 x_2 + \cdots + b_n x_n \tag{4.2.19}$$

式中：b_1，b_2，…，b_n 为传递系数。

根据概率论中关于随机变量函数的相关定理，对式(4.2.19)两边同时取数学期望，得

$$E(Z) = b_1 E(x_1) + b_2 E(x_2) + \cdots + b_n E(x_n) = \sum_{i=1}^{n} b_i E(x_i) \tag{4.2.20}$$

式中：$E(Z)$ 为 Z 的期望值；$E(x_i)$ 为 x_i 的期望值。

对式(4.2.19)等号两边同时取方差，得

$$D(Z)=\sigma_Z^2=\sum_{i=1}^{n}b_i^2\sigma_i^2+2\sum_{1\leqslant i<j<n}b_ib_j\rho_{ij}\sigma_i\sigma_j \tag{4.2.21}$$

式中：$D(Z)$ 为 Z 的方差；σ_Z 为 Z 的标准差；σ_i 为 x_i 的标准差；ρ_{ij} 为 x_i 与 x_j 的相关系数。当风险 x_i 与 x_j 相互独立时，$\rho_{ij}=0$；存在相关性时，$-1\leqslant\rho_{ij}\leqslant 1$。

流域梯级坝群中同一类子风险的方差的大小反映了该类子风险的波动程度，从式(4.2.21)可以看出，流域梯级坝群风险相关函数 Z 随着同类子风险 x_i 方差的波动而变化，其方差越大，该类子风险的波动程度越大，相应的流域梯级坝群风险也越大。

(2) 多重风险传递模型

在实际中，流域梯级坝群风险的形成是由多重类型子风险通过传递叠加形成的，因此需要在单一风险传递模型的基础上建立多重风险传递模型，而单一风险传递模型可以看成是多重风险传递模型的特例。

流域梯级坝群中，各子风险相互独立存在，且各子风险之间存在相关性，作为流域梯级坝群风险的一部分，各子风险之间会经过传递叠加共同对流域梯级坝群产生作用效应。因此，各子风险与流域梯级坝群风险之间存在非线性相关性，则流域梯级坝群多重风险传递模型可表示为

$$Z=f(x_1,\ x_2,\ \cdots,\ x_n) \tag{4.2.22}$$

也可表示为

$$\varphi(Z,\ x_1,\ x_2,\ \cdots,\ x_n)=0 \tag{4.2.23}$$

式中：Z 为流域梯级坝群风险 R_S 与各个子风险 x_i 的相关性函数；x_1，x_2，…，x_n 为影响 Z 的子风险，亦称风险变量。

设 x_1，x_2，…，x_n 的数学期望分别为 Q_1，Q_2，…，Q_n，并设函数 $Z=f(x_1,\ x_2,\ \cdots,\ x_n)$ 在 $Z_0=f(Q_1,\ Q_2,\ \cdots,\ Q_n)$ 处有各阶导数存在，于是 Z 可以在 Z_0 处进行 Taylor 展开：

$$\begin{aligned}Z-f(Q_1,\ Q_2,\ \cdots,\ Q_n)=&\sum_{i=1}^{n}\left(\frac{\partial f}{\partial x_i}\right)_Q(x_i-Q_i)\\&+\frac{1}{2}\sum_{i=1}^{n}\left(\frac{\partial^2 f}{\partial x_i^2}\right)_Q(x_i-Q_i)^2\\&+\sum_{1\leqslant i<j\leqslant n}\left(\frac{\partial^2 f}{\partial x,\ \partial x_i}\right)_Q(x_i-Q_i)(x_j-Q_j)\end{aligned} \tag{4.2.24}$$

式中：$\left(\frac{\partial f}{\partial x_i}\right)_Q$ 表示 $\frac{\partial f}{\partial x_i}$ 在Q处的值，即 x_i 的风险传递系数。

根据概率论中关于随机变量函数的相关定理，对式(4.2.24)两边取数学期望，得 Z 的数学期望$E(Z)$ 为

$$E(Z)=Z_0+\frac{1}{2}\sum_{i=1}^{n}\left(\frac{\partial^2 f}{\partial x_i^2}\right)_Q\sigma_i^2+\sum_{i<j}\left(\frac{\partial^2 f}{\partial x_i\partial x_j}\right)_Q\rho_{ij}\sigma_i\sigma_j \quad (4.2.25)$$

式中：$\sigma_i^2=E(x_i-Q_i)^2$，为 x_i 的方差；σ_i、σ_j 分别为x_i、x_j 的标准差；ρ_{ij} 为x_i 与 x_j 的相关系数，$-1\leqslant\rho_{ij}\leqslant 1$。

对式(4.2.25)等号两边取方差，可得 Z 的方差 $D(Z)$ 为

$$D(Z)=\sigma_Z^2=\sum_{i=1}^{n}\left(\frac{\partial f}{\partial x_i}\right)_Q^2\sigma_i^2+2\sum_{i<j}\left(\frac{\partial f}{\partial x_i}\right)_Q\left(\frac{\partial f}{\partial x_j}\right)_Q\rho_{ij}\sigma_i\sigma_j \quad (4.2.26)$$

式中：σ_Z 为 Z 的均方差；σ_i 为 x_i 的标准差；$\frac{\partial f}{\partial x_i}$ 为 x_i 的风险传递系数。

在单一风险传递模型中，流域梯级坝群风险大小是由各同类子风险的方差大小直接反应，但在多重风险传递模型中，还必须考虑不同类子风险之间的相关系数以及各子风险之间的风险传递系数。

4.3　流域梯级坝群风险链式效应

基于前文对流域梯级坝群风险的理解，可以发现因各单元大坝间的水文和水力联系，相邻两单元大坝间呈链式结构，而流域梯级坝群系统为多条链式结构串并联复合组成。因此，风险在流域梯级坝群系统中的传递过程具有明显的链式效应。流域梯级坝群风险链式效应进一步可以理解成流域梯级坝群系统中各单元大坝受到的风险由若干个有限状态组成，并且系统中某一大坝的下一风险状态可以由其上游大坝当前的风险状态通过某种关系转移得到，通过每一座大坝的风险状态连续转移直至到达下游最后一座大坝。因这种链式效应的存在，在进行流域梯级坝群失效路径辨识之前，需要先探明多重风险因素影响下的流域梯级坝群风险链式效应。

4.3.1　风险链式传递模式

4.3.1.1　风险传递的链式效应

风险在流域梯级坝群中的传递在时间上有先后顺序，在空间上相互邻近，在

成因上具有关联性，呈现出明显的链式效应。

流域梯级坝群系统不同于常见复杂系统，没有过于复杂的人机交互过程，在分析流域梯级坝群的风险传递时除了人为因素外，环境荷载因素与大坝自身工程因素的影响也同样重要。由各风险因素引起的各类风险就像锁链上每一个铁环，连接构成了流域梯级坝群的风险传递链。要阻止风险的传递，就像断开锁链上的链接铁环一样，通过切断风险的传递路径来阻止风险的传递。

4.3.1.2 链式传递模式

流域梯级坝群是指单元大坝间地理位置相对较靠近、水力水文联系较为紧密、互相影响较为显著的水库大坝群。从结构角度来说，流域梯级坝群是由同一流域内的多座大坝按串并联方式连接在一起的混合复杂系统，为完成梯级开发的目标，要求各大坝之间相互补偿、协调、配合，最大限度地发挥出流域梯级坝群的综合效益。

依据复杂系统的结构特点，将坝群结构简化为串联、并联和串并联（混联）结构。针对同一条河流上的坝群进行分析，可以发现在同一条河流上互相有水力联系的多级电站呈现链式结构连接，故不论整个流域梯级坝群系统中如何复杂连接，均可简化为一个由多条链式结构混联形成的复杂系统。每一条链式结构即为一条风险链式传递路径，图 4.3.1 为同一条河流上所建 3 座大坝的风险链式传递路径。

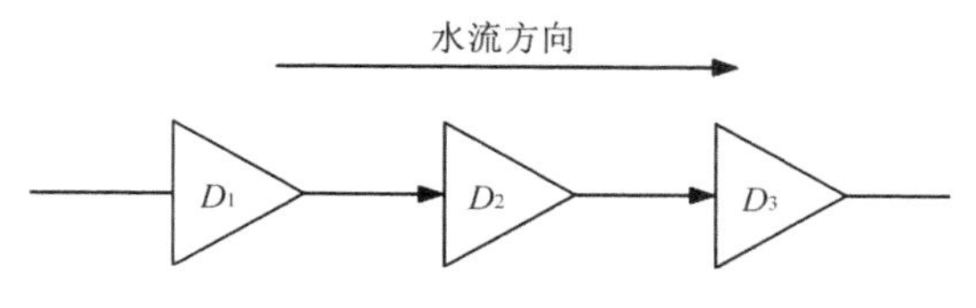

图 4.3.1　风险传递链式结构

因流域梯级坝群中单元大坝本身风险源较多，需要对其风险传递的路径与模式进行分析。结合前文的研究，分别对图 4.3.1 中各单元大坝系统内部风险传递模式进行建模。图 4.3.2 为位于上游侧首座大坝内部风险传递模式，图中风险“局部部位故障”还可以通过故障树技术进一步进行建模细化。

因位于下游侧的次级大坝会受到上游侧大坝的风险影响，故在进行位于下游侧的次级大坝内部风险传递模式的建模时也要考虑上一级大坝所传递来的风险，图 4.3.3 为位于流域梯级坝群中下游侧的次级大坝内部风险传递模式，图中风险“上游大坝失效”代表如图 4.3.2 所示的传递模式，将其内容转入即可得到首座大坝和第二座大坝之间的风险传递模式。同样，在建立反映第三级大坝内部风险传递模式时，只需要将第二级大坝失效的风险传递模式转入即可得到。依此类推，便可绘制出整个系统的风险传递模式。

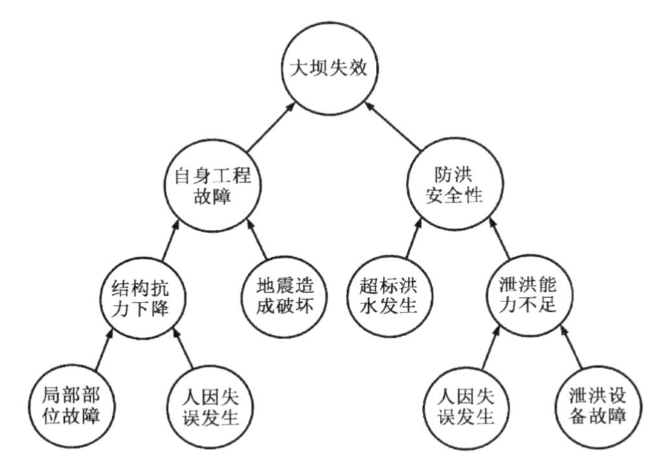

图 4.3.2　上游侧首座大坝内部风险传递模式

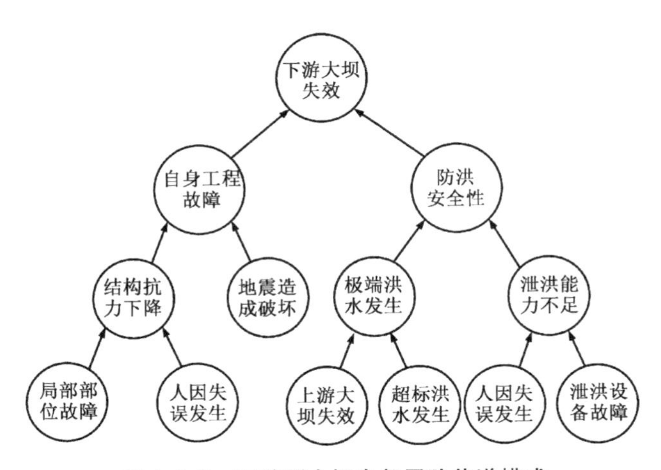

图 4.3.3　下游侧大坝内部风险传递模式

由上述分析可知，随着流域梯级坝群中单元大坝的增多，整体传递模式表征模型的规模会非常大。利用其对系统的失效进行定性、定量分析时，需要考虑模型中各单元大坝及系统整体风险传递所可能经历的多状态过程，分析过程将非常烦琐。故引入贝叶斯理论进一步对流域梯级坝群风险传递模式进行优化。

贝叶斯网络是一种将贝叶斯概率方法和有向无环图的网络拓扑结构有机结合的表示模型，不仅可以描述数据项及其依赖关系，还可以根据各个变量之间概率关系建立图论模型。故运用贝叶斯拓扑结构进行流域梯级坝群系统风险效应模式的建模，不仅能够描述系统状态的不确定性，还可以充分考虑上下游单元大坝子系统之间的关联关系，更好地进行流域梯级坝群风险链式传递模式的分析。

以一个包含有三座水库大坝的流域梯级坝群为例，图 4.3.4 为可反映流域梯级坝群风险链式传递模式的贝叶斯网络拓扑结构。

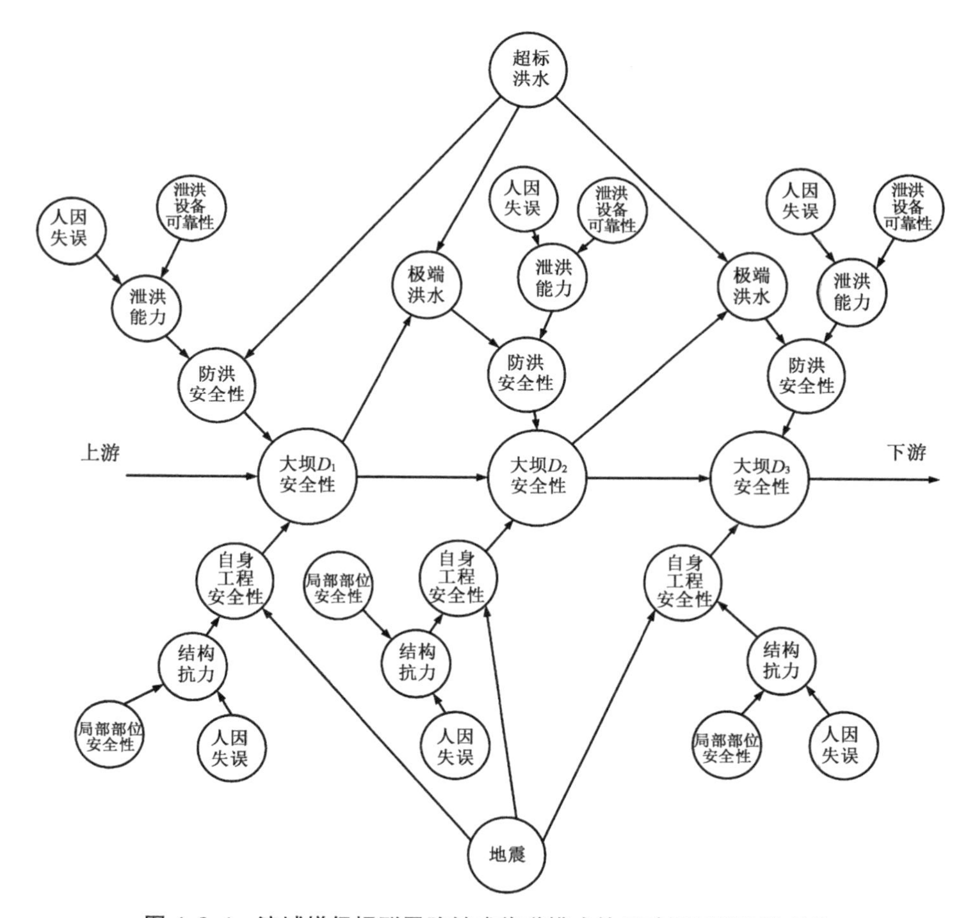

图 4.3.4　流域梯级坝群风险链式传递模式的贝叶斯网络拓扑结构

4.3.2　风险链式效应分析模型

由上一节可知，流域梯级坝群中相邻两座大坝之间，上游大坝输出的风险将会通过传递路径，成为下游大坝输入风险的一部分，如图 4.3.5 所示，下游大坝受到的风险直接受到上游大坝的影响。

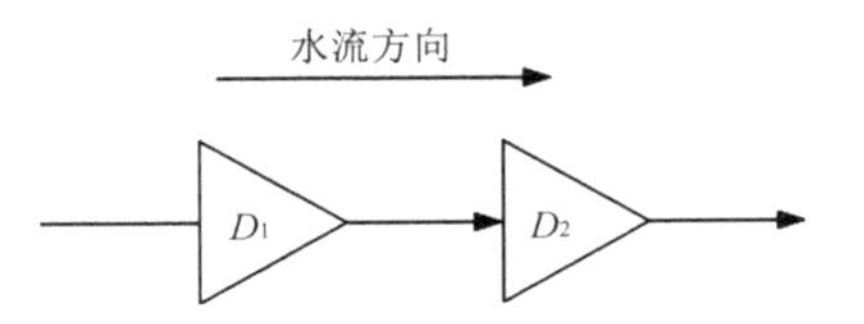

图 4.3.5　相邻单元大坝间的风险传递

故假设风险 $R_i(i=1, 2, \cdots, n)$ 是有 n 座大坝组成的流域梯级坝群中单元大坝的状态，任意风险 R_i 都会呈现出某种随机状态 $X_i \in (Q_1, Q_2, \cdots, Q_n)$，$X$ 即为R_i 的状态空间。那么流域梯级坝群风险链式效应模式即为由 R_1 发生传递效应，经历多种传递模式后 R_i 最终到达R_n 的传递过程。其中 R_1 为系统中上游第一座大坝的风险状态，即风险链式效应中的起始风险状态；$R_i(i=1, 2, \cdots, n-1)$ 为系统中第 i 座大坝的风险状态，即风险链式效应中的传递风险状态；R_n 为系统中下游最后一座大坝的风险状态，即风险链式效应中的最终风险状态。

则风险 R_i 所处的状态 X_i 是由上游大坝所受风险传递得到的，其概率 $P(i)$ 可以表示为

$$P(i)=P(R_i=X_i \mid R_{i-1}=X_{i-1}R_{i-2}=X_{i-2}, \cdots, R_1=X_1) \quad (4.3.1)$$

式中：$0 \leqslant P(i) \leqslant 1$。

将由 R_i 到 R_{i+1} 之间的状态转移概率构成的矩阵定义为流域梯级坝群链式传递矩阵 $\mathbf{A}_i$，可表示为

$$\mathbf{A}_i=\begin{bmatrix} a_{11} & \cdots & a_{1n} \\ \vdots & & \vdots \\ a_{m1} & \cdots & a_{mn} \end{bmatrix} \quad (4.3.2)$$

式中：a_{ij} 表示R_i 的状态Q_i 转移到R_j 的状态Q_j 中的概率。

则相邻两座大坝所受风险 R_i 和R_{i+1} 之间的传递关系为

$$R_{i+1}=R_i \times A_i \quad (4.3.3)$$

综上，流域梯级坝群风险链式效应模式表示为

$$R_n = R_1 \times A_1 \times A_2 \times \cdots \times A_{n-1} \qquad (4.3.4)$$

为了更好地量化风险链式效应模式，这里引入风险链式效应系数 k 的概念，故如图 4.3.5 所示的相邻单元大坝间下游大坝受到的风险受上游大坝的风险影响可以表示为

$$R_2 = R_{(2)0} + k \cdot R_1 \qquad (4.3.5)$$

式中：R_1 和 R_2 分别为第 1 座和第 2 座大坝的风险；$R_{(2)0}$ 为第 2 座大坝自身的风险；k 为风险链式效应系数。

当 k 介于 0 到 1 之间，表示下游大坝结构功能一定的情况下对上游链式传递风险的接受能力；$k=1$ 表示风险被下游大坝完全接受，不会继续向下游传递；$k=0$ 表示风险完全无法被下游大坝接受，风险将全部向下游传播；$0<k<1$ 表示风险被下游大坝部分接受，剩余风险将继续向下游传递，影响下游大坝的服役安全。

由此可见，风险链式效应系数 k 由上游传递的风险水平和下游大坝抵抗与接受风险的能力两者共同决定。

将上述相邻单元大坝间的风险影响模型引入到流域梯级坝群中，得到流域梯级坝群风险链式效应分析模型，即：

$$R_{i+1} = R_{(i+1)0} + k_i \cdot R_i \qquad (4.3.6)$$

式中：R_i 和 R_{i+1} 分别为第 i 和 $i+1$ 座大坝的风险；$R_{(i+1)0}$ 为第 $i+1$ 座大坝自身的风险；k_i 为风险链式效应系数。

由式(4.3.6)可知，对于流域梯级坝群风险链式效应的辨识，重点在于计算流域梯级坝群系统中的风险链式效应系数，这是一个多属性、多层次的决策问题。对于多属性决策问题一般分为两个步骤：首先确定决策变量的方案集和属性集，其次通过分析、评价属性集对方案层进行判断和决策。主要方法有层次分析法、模糊理论等。确定风险链式效应系数的关键是找出可能会影响风险传递的主要因素，建立风险传递评价指标体系，分析指标之间的关系及对风险传递的影响程度，从而确定单元大坝间风险链式效应系数。

本节采用可拓层次分析法、熵权法与逼近理想解法联合进行求解，先采用可拓层次分析法将求解风险链式效应系数这一问题细化分解为若干层次的准则及指标，将定性指标模糊量化求出各指标的权重值，为考虑各大坝所受风险之间的

客观联系，引入熵权法对所得权重值进行优化调整，最后结合逼近理想解排序法的决策思想，求解得到风险链式效应系数，下面进行详细的介绍。

4.3.2.1　构建风险链式效应评价指标体系

流域梯级坝群中风险链式效应与系统中各单元大坝的运行状态、地理位置、设计坝型、控制库容、设计坝高、服役坝龄、设计工程级别与管理水平等因素息息相关，据此建立如图 4.3.6 所示的风险链式效应评价指标体系。

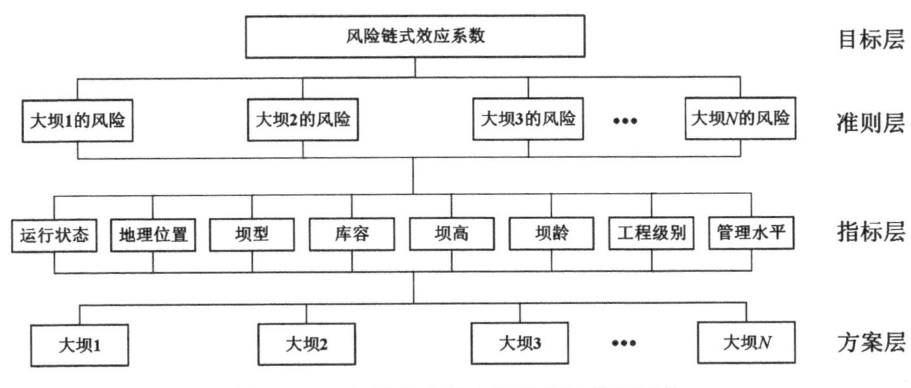

图 4.3.6　风险链式效应评价指标体系结构

① 运行状态

流域梯级坝群中各大坝的运行状态是评价其风险的最重要指标，但由于大坝的实际运行状态难以准确掌握，通常认为大坝实测监测资料能够直观反映其运行状态。根据实测资料，引入大坝安全度的概念，对运行状态这一指标进行度量与赋值。

$$K = \frac{[x]}{x} \tag{4.3.7}$$

式中：x 为大坝实测数据；$[x]$ 为相应测点的监控警戒指标。

② 地理位置

流域梯级坝群是由流域中干流与支流上若干大坝工程组成的，因此大坝工程地理位置的不同，会导致其所面临的潜在风险也不同。通常认为同一流域中，干流上的大坝工程所面临的潜在风险相较于支流上的更大。

③ 坝型

坝型不同，坝体材料、结构特征和施工方法等均不同，故抵抗风险的能力各有差异。对于土石坝而言，洪水漫顶和地震灾害极易引起垮坝事件，一旦发生失事，将会给下游造成严重灾害；而对于混凝土坝和浆砌石坝而言，一般不会因漫顶而破坏。

④ 库容

库容的大小决定了大坝调节径流的能力和其所能提供的效益，是协调防洪和兴利关系的关键，对工程发电、通航、灌溉等兴利效益，库内引水高程、泥沙淤积、淹没指标等均有直接影响。

⑤ 坝高

坝高是评价大坝抵抗风险能力的重要因素。对于级别相同、坝型相同的大坝，坝高可能有所差别。如坝高不足，当遭遇超高洪水时，容易导致漫坝甚至溃坝。

⑥ 坝龄

设计建造较早的大坝，往往存在设计标准偏低、施工质量有缺陷、监测系统不完善等问题。此外，由于材料老化锈蚀、管理不当、维护不及时、白蚁危害等情况，坝体存在较严重的安全隐患，其抵抗风险的能力随着服役时间的延长逐渐下降。

⑦ 工程级别

依据《水利水电工程等级划分及洪水标准》（SL 252—2017）[198]，水工建筑物的工程等别划分如表 4.3.1 所示。等级较高的水工建筑物具备较高的洪水设计标准、安全超高、抗震设计标准、整体稳定设计安全标准和边坡抗滑稳定安全标准，即抵抗风险的性能更高。对于规模巨大、特别重要的枢纽工程，设计基准期和设计安全标准需要进行专门研究论证，以确保其稳定安全运行。

表 4.3.1　水利水电工程等别划分

工程等别	工程规模	总库容($10^8 m^3$)	装机容量(MW)
Ⅰ	大(1)型	≥10	≥1 200
Ⅱ	大(2)型	<10，≥1.0	<1 200，≥300
Ⅲ	中型	<1.0，≥0.1	<300，≥50
Ⅳ	小(1)型	<0.1，≥0.01	<50，≥10
Ⅴ	小(2)型	<0.01，≥0.001	<10

⑧ 管理水平

在大坝建成后，管理水平的高低将直接影响大坝的安全，如大坝面临超标洪水时，因管理问题导致管理人员未能及时得到预警并实施相应的调洪泄洪措施，将会给大坝带来巨大的潜在风险。

4.3.2.2　确定各风险指标权重

在确定各风险指标的权重时，如果只是定性分析，则会缺少说服力，本节运用可拓层次分析赋权方法[196]对各风险指标进行赋权。由于层次分析的专家打分机制主观性较强，从而忽略了各评价大坝所受风险之间的客观联系，故本节引入熵权法这种客观赋权法，进一步对可拓层次分析法得到的权值进行优化调整。

熵权法是通过衡量风险指标中的信息有序程度来赋权，风险指标中的信息量有序程度越好，该项指标相对权重越大，则可以通过熵值大小来判断信息量有序程度。例如，某项风险指标的熵值越小，则该风险指标的信息量有序程度越好，其相应的权重越大；某项风险指标的熵值越大，则该风险指标的信息量有序程度越差，相应的权重越小。接下来按熵值理论对大坝风险进行综合赋权。

设 n 座大坝所受风险的评价指标集为 $X_i=\{x_{i1},\ \cdots,\ x_{im}\}$，则所有大坝所受风险的评价指标集为 $X=\{X_1,\ \cdots,\ X_n\}$，x_{ij} 表示评价指标集中第 i 个大坝所受风险的第 j 个评价指标。对由 n 座大坝所受风险的 m 个评价指标构成的风险链式效应评价矩阵 $\boldsymbol{X}=[x_{ij}]_{m\times n}$ 进行标准化处理，将其标准化处理后的值记为 x'_{ij}，其中 $i=1,\ 2,\ \cdots,\ n$；$j=1,\ 2,\ \cdots,\ m$。

标准化后处理得到标准化风险链式效应评价矩阵为

$$\boldsymbol{X}'=[X'_{ij}]_{n\times m}=\begin{bmatrix} x'_{11} & \cdots & x'_{1m} \\ \vdots & & \vdots \\ x'_{n1} & \cdots & x'_{nm} \end{bmatrix} \tag{4.3.8}$$

针对效益性指标，如地理位置、库容、坝高、坝龄和工程级别：

$$x'_{ij}=\frac{x'_{ij}-\min(x'_j)}{\max(x'_j)-\min(x'_j)} \tag{4.3.9}$$

针对成本性指标，如运行状态、坝型和管理水平：

$$x'_{ij}=\frac{\max(x'_j)-x'_{ij}}{\max(x'_j)-\min(x'_j)} \tag{4.3.10}$$

计算标准化矩阵 $\boldsymbol{X}'$ 中各评价指标比重 G_{ij}：

$$G_{ij}=x'_{ij}\Big/\sum_{i=1}^{n}x'_{ij} \tag{4.3.11}$$

则可将第 j 个指标的信息熵 H_j 定义为

$$H_j=-\frac{1}{\ln n}\sum_{i=1}^{n}G_{ij}\cdot\ln G_{ij} \tag{4.3.12}$$

当第 j 个评价指标的信息量完全无序，则信息熵 H_j 最大，即 $H_j=1$，因此第 j 个评价指标的权重取决于差异系数 α_j，即：

$$\alpha_j=1-H_j \tag{4.3.13}$$

根据公式(4.3.13)得到的差异系数对可拓层次分析所得各大坝风险评价指标的权重 W_j 进行调整，计算大坝风险评价指标综合权重 W'_j：

$$W'_j=W_j\cdot\alpha_j\Big/\sum_{j=1}^{m}(W_j\cdot\alpha_j) \tag{4.3.14}$$

4.3.2.3 计算风险链式效应系数

TOPSIS 法是一种相对理想目标的顺序优选方法，通过规范化后的评价决策矩阵，根据计算出的各评价方案与正理想解、负理想解的距离，找出最优方案和最差方案。借用 TOPSIS 法的建模思想，根据提出的 8 个风险链式效应评价指标，对各座大坝的风险进行评价决策，即此时评价决策矩阵的正理想解为大坝风险最大的状态，相应地，各大坝的风险链式效应系数可用其风险评价决策值与最大理想解的贴近度来表示。下面介绍详细求解过程。

(1) 建立加权规范化评价决策矩阵

① 建立流域梯级坝群风险链式效应评价决策矩阵

流域梯级坝群集合记为 $D=\{d_1, d_2, \cdots, d_m\}$（$m$ 为大坝数目），风险指标集合记为 $I=\{I_1, I_2, \cdots, I_n\}$（$n$ 为指标数目），按公式(4.3.15)建立流域梯级坝群风险链式效应评价决策矩阵 $\boldsymbol{X}=[x_{ij}]_{m\times n}$。

$$
\boldsymbol{X}=\begin{bmatrix} x_{11} & x_{12} & \cdots & x_{1n} \\ x_{21} & x_{22} & \cdots & x_{2n} \\ \vdots & \vdots & & \vdots \\ x_{m1} & x_{m2} & \cdots & x_{mn} \end{bmatrix} \tag{4.3.15}
$$

式中：x_{ij} 为第 i 座大坝在第 j 个指标下的评价值。

② 构造规范化矩阵

通常各指标的量纲不同，不能进行直接比较，必须对指标值矩阵进行规范化处理。评价指标分为效益型指标和成本型指标，因准则层为各大坝面临的风险，故将地理位置、库容、坝高、坝龄和工程级别作为效益型指标，即指标越大，风险越大；将运行状态、坝型和管理水平作为成本型指标，即指标越大，风险越小。因此对矩阵进行规范化需要对两类指标分别进行考虑。

针对效益型指标，其理想解是

$$
f_j^* = \max_{1 \leqslant i \leqslant m} x_{ij}, \quad r'_{ij} = x_{ij}/f_j^* \tag{4.3.16}
$$

针对成本型指标，其理想解是

$$
f_j^{\nabla} = \min_{1 \leqslant i \leqslant m} x_{ij}, \quad r'_{ij} = f_j^{\nabla}/x_{ij} \tag{4.3.17}
$$

得出理想解后，将矩阵规范化，

$$
r_{ij} = r'_{ij} \Big/ \sqrt{\sum_{i=1}^{m} r'^2_{ij}} \quad (i=1, \cdots, m; \ j=1, \cdots, n) \tag{4.3.18}
$$

即

$$
\boldsymbol{X} = [x_{ij}]_{m \times n} \Rightarrow \boldsymbol{R}' = [r'_{ij}]_{m \times n} \Rightarrow \boldsymbol{R} = [r_{ij}]_{m \times n} \tag{4.3.19}
$$

各式满足 $i=1, \cdots, m$；$j=1, \cdots, n$。

通过规范化处理，最终得到规范化的流域梯级坝群风险链式效应评价决策矩阵 $\boldsymbol{R}$。

③ 构造加权规范化决策矩阵

因为各因素的重要程度不同，所以应考虑各因素的熵权，将规范化数据加权，即将式(4.3.14)确定的各指标综合权重 $\boldsymbol{W}=[w_1, \cdots, w_n]$ 和规范化矩阵 $\boldsymbol{R}$ 结合，构造加权规范化评价决策矩阵 $\boldsymbol{V}=\boldsymbol{RW}$。

$$\boldsymbol{V}=\boldsymbol{RW}=[v_{ij}]_{m\times n}=\begin{bmatrix} w_1r_{11} & w_2r_{12} & \cdots & w_nr_{1n} \\ w_1r_{21} & w_2r_{22} & \cdots & w_nr_{2n} \\ \vdots & \vdots & & \vdots \\ w_1r_{ml} & w_2r_{m2} & \cdots & w_nr_{mn} \end{bmatrix} \tag{4.3.20}$$

（2）风险链式效应评价决策矩阵的正负理想解及距离计算

根据加权规范化评价决策矩阵结果，选择每个风险评价决策方案各个指标中最大值为正理想解 V^+，最小值为负理想解 V^-，然后计算各个风险评价决策方案与正负理想解之间的欧式距离。

正、负理想解可表示为

$$V^+=\{(\max_i v_{ij} \mid j\in J_1)(\min_i v_{ij} \mid j\in J_2)\} \quad (i=1,2,\cdots,m) \tag{4.3.21}$$

$$V^-=\{(\min_i v_{ij} \mid j\in J_1)(\max_i v_{ij} \mid j\in J_2)\} \quad (i=1,2,\cdots,m) \tag{4.3.22}$$

式中：J_1 为效益型指标集；J_2 为成本型指标集。

各风险评价决策值与正理想解 V^+ 和负理想解 V^- 的欧式距离值为

$$D_i^+=\sqrt{\sum_{j=1}^{n}(v_{ij}-v_j^+)^2} \quad i=(1,2,\cdots,m) \tag{4.3.23}$$

$$D_i^-=\sqrt{\sum_{j=1}^{n}(v_{ij}-v_j^-)^2} \quad i=(1,2,\cdots,m) \tag{4.3.24}$$

（3）计算各风险评价决策值的相对贴近度

用欧式距离计算风险评价决策值与正理想解的相对贴近度 E_i：

$$E_i=\frac{D_i^-}{D_i^+ + D_i^-} \tag{4.3.25}$$

计算得到的相对贴近度 E_i 即为流域梯级坝群系统的风险链式效应系数 k_i。

4.4 流域梯级坝群失效路径挖掘

区别于单一大坝的失效路径，流域梯级坝群可能的失效路径是指风险因水力联系沿着各座大坝传播的路线，需要考虑流域梯级坝群中风险链式效应，进一步分析和挖掘流域梯级坝群中所有可能的失效路径，辨识出最有可能的失效路径。本节针对流域梯级坝群所有可能失效路径，考虑不同失效路径间的关联，将决策试验与评价实验室分析方法以及数学和多准则优化妥协方法的思想应用于流域梯级坝群失效路径的挖掘中，表征流域梯级坝群可能的失效路径，并提出流域梯级坝群主要失效路径辨识方法，具体的研究过程如下。

4.4.1　流域梯级坝群可能失效路径识别

基于决策试验与评价实验室分析方法[199]针对社会矛盾问题并寻找综合解决方案的建模思想，首先建立流域梯级坝群可能失效路径评价矩阵，考虑各失效路径间的潜在关联，对失效路径评价矩阵进行优化，进一步识别出流域梯级坝群所有可能失效路径。

4.4.1.1　建立流域梯级坝群可能失效路径总关联矩阵

为了对流域梯级坝群失效路径进行辨识，首先由 k 名专家 $\{E_k \mid 1 \leqslant k \leqslant h\}$ 根据历史经验和自身经历采用专业评价术语对每种可能失效路径 $R_i(1 \leqslant i \leqslant n)$ 的敏感性（P）和严重性（C）进行评价，同时引入 4.3 节中得到的风险链式效应系数对各失效路径的传递性（T）进行赋值，从而得到流域梯级坝群每条可能失效路径的评价矩阵 $\boldsymbol{S}$；考虑到各失效路径 R_i 之间关系会对流域梯级坝群失效路径评价矩阵产生影响，专家通过语言评价术语分析失效路径间相关关系得到直接关联矩阵 $\boldsymbol{X}^k$，该矩阵表达了专家对各失效路径之间相互关联程度的评价，如式(4.4.1)所示。

$$\boldsymbol{X}^k = \begin{bmatrix} 0 & x_{12}^k & \cdots & x_{1n}^k \\ x_{21}^k & 0 & \cdots & x_{2n}^k \\ \vdots & \vdots & & \vdots \\ x_{n1}^k & x_{n2}^k & \cdots & 0 \end{bmatrix} \tag{4.4.1}$$

式中：x_{ij}^k 表示第 k 名专家评价失效路径 R_i 对 R_j 的相关程度，若无相关则取值为零，并且设 R_i 对自身的相关程度也为零。

由于评价具有模糊性，因此，评价时常常以模糊数学理论为基础，所以在构建直接关联矩阵时，需要对 $\boldsymbol{X}^k$ 进行三角模糊数处理，即 $x_{ij}^k = (x_{lij}^k, x_{mij}^k, x_{hij}^k)$，其中 x_{lij}^k 表示一个较低的评价数值，x_{hij}^k 表示一个较高的评价数值，而 x_{mij}^k 居于 x_{lij}^k 和 x_{hij}^k 之间。

为了计算方便，需要对流域梯级坝群失效路径直接关联矩阵进行归一化处理。

本书采用如下办法进行流域梯级坝群失效路径直接关联矩阵归一化：将流域梯级坝群失效路径直接关联矩阵中每个失效路径相关元素除以该矩阵各行向量元素之和的最大值，求得流域梯级坝群失效路径矩阵的归一化系数 λ^k，其数学表达式为

$$\lambda^k = 1\Big/\max_{1\leqslant i\leqslant n}\left(\sum_{j=1}^{n} x_{hij}^k\right) \tag{4.4.2}$$

因此，根据式(4.4.2)进行归一化之后得到的流域梯级坝群失效路径直接关联矩阵 $\boldsymbol{Z}^k$ 为

$$\boldsymbol{Z}^k = \lambda^k \boldsymbol{X}^k \tag{4.4.3}$$

而 $\boldsymbol{Z}^k$ 中对应的元素 $\tilde{z}_{ij}^k$ 为

$$\tilde{z}_{ij}^k = (\tilde{z}_{lij}^k,\ \tilde{z}_{mij}^k,\ \tilde{z}_{hij}^k) = (\lambda^k x_{lij}^k,\ \lambda^k x_{mij}^k, \lambda^k x_{hij}^k) \tag{4.4.4}$$

为了综合不同专家的流域梯级坝群失效路径评价矩阵，将不同专家的流域梯级坝群失效路径关联矩阵综合成为一个大矩阵，即总关联矩阵，设为 $\boldsymbol{O}$，而在计算流域梯级坝群失效路径总关联矩阵 $\boldsymbol{O}$ 之前，先需要验证 $\lim\limits_{w\to\infty}\boldsymbol{Z}^w = 0$；再将 $\boldsymbol{Z}^k$ 依据 x_{ij}^k 中的三个分量分为三个矩阵：$\boldsymbol{Z}_l^w = [z_{lij}^w]$，$\boldsymbol{Z}_m^w = [z_{mij}^w]$，$\boldsymbol{Z}_h^w = [z_{hij}^w]$；然后开始计算 $\boldsymbol{O}$，计算方法如下：

设 $\boldsymbol{O} = \begin{bmatrix} 0 & \tilde{t}_{12} & \cdots & \tilde{t}_{1n} \\ \tilde{t}_{21} & 0 & \cdots & \tilde{t}_{2n} \\ \vdots & \vdots & & \vdots \\ \tilde{t}_{n1} & \tilde{t}_{n2} & \cdots & 0 \end{bmatrix}$，式中 $\tilde{t}_{ij} = (t_{lij},\ t_{mij},\ t_{hij})$。矩阵中 t_{lij}，t_{mij}，t_{hij} 由下列方式计算可得

$$[t_{lij}] = \boldsymbol{Z}_l \times (\boldsymbol{I} - \boldsymbol{Z}_l)^{-1} \tag{4.4.5}$$

$$[t_{mij}] = \boldsymbol{Z}_m \times (\boldsymbol{I} - \boldsymbol{Z}_m)^{-1} \tag{4.4.6}$$

$$[t_{hij}] = \boldsymbol{Z}_h \times (\boldsymbol{I} - \boldsymbol{Z}_h)^{-1} \tag{4.4.7}$$

式中：$\boldsymbol{I}$ 为单位矩阵。

4.4.1.2　考虑关联性的流域梯级坝群失效路径评价矩阵

由于流域梯级坝群失效路径之间的关联性对流域梯级坝群失效路径评价矩阵有一定的潜在影响，下面基于流域梯级坝群失效路径总关联矩阵，对流域梯级坝群失效路径评价矩阵进行调整。为了调整流域梯级坝群失效路径评价矩阵，需要分析流域梯级坝群失效路径 R_i 对其他流域梯级坝群失效路径的影响，将其设为 $\boldsymbol{D}_i$，同样也要分析其他流域梯级坝群失效路径对流域梯级坝群失效路径 R_i 的影响，将其设为 $\boldsymbol{F}_j$，$\boldsymbol{D}_i$ 与 $\boldsymbol{F}_j$ 的数学表达式为

$$\boldsymbol{D}_i = [D_i]_{n\times 1} = \left[\sum_{j=1}^{n} t_{ij}\right]_{n\times 1} \tag{4.4.8}$$

$$\boldsymbol{F}_j = [F_j]_{n\times 1} = [F_j]'_{1\times n} = \left[\sum_{i=1}^{n} t_{ij}\right]'_{1\times n} \tag{4.4.9}$$

令式(4.4.8)和式(4.4.9)中 $i=j$，$\boldsymbol{D}_i+\boldsymbol{F}_i$ 表达了流域梯级坝群失效路径 R_i 影响其他流域梯级坝群失效路径和被其他流域梯级坝群失效路径影响程度之和。$\boldsymbol{D}_i-\boldsymbol{F}_i$ 表达了流域梯级坝群失效路径 R_i 影响其他流域梯级坝群失效路径和被其他流域梯级坝群失效路径影响程度之差。如果 $\boldsymbol{D}_i-\boldsymbol{F}_i>0$，则 R_i 归属于影响集合；如果 $\boldsymbol{D}_i-\boldsymbol{F}_i<0$，则 R_i 归属于被影响集合，即 $\boldsymbol{D}_i-\boldsymbol{F}_i$ 表示流域梯级坝群失效路径 R_i 对整个评价矩阵的净影响程度，该值越大表明该流域梯级坝群失效路径的重要度越大。

在调整流域梯级坝群失效路径评价矩阵时，由于流域梯级坝群失效路径之间关系对 P、T 值的影响较弱，可不必考虑，因此流域梯级坝群失效路径间的关系只对流域梯级坝群失效路径严重性评价矩阵有影响，调整后的失事严重程度 C'_i 为

$$C'_i = C_i + D_i - F_i \tag{4.4.10}$$

由式(4.4.10)可得出考虑关联性的流域梯级坝群失效路径评价矩阵，其表达式为

$$\boldsymbol{S} = \begin{bmatrix} P_1 & C'_1 & T_1 \\ \vdots & \vdots & \vdots \\ P_i & C'_i & T_i \\ \vdots & \vdots & \vdots \\ P_n & C'_n & T_n \end{bmatrix} \tag{4.4.11}$$

4.4.2 流域梯级坝群主要失效路径辨识

4.4.1 节考虑了各流域梯级坝群失效路径间的关联性，对流域梯级坝群失效路径评价矩阵进行了调整，在其基础之上，基于多准则优化妥协方法(VIKOR)[200]，同时考虑流域梯级坝群失效路径评价矩阵中的群体效益最大化和个别遗憾最小化，拟定出流域梯级坝群失效路径辨识综合指标，辨识出流域梯级坝群主要失效路径。

4.4.2.1 群体效益和个别遗憾的计算

根据式(4.4.11)，设其中 P、C'、T 三个方面的权重分别为 ω_P、$\omega_{C'}$ 和 ω_T，据此求出矩阵中元素的正理想解 S^+ 和负理想解 S^-。评价矩阵中元素的数值越大，代表该失效路径越危险，即 P、C'、T 可视为成本型指标。则流域梯级坝群失效路径评价矩阵的正理想解 S^+ 可表示为

$$S^+=\{P^+,\ C'^+,\ T^+\} \tag{4.4.12}$$

式中：$P^+=\min\limits_{i=1}^{n}P_i$；$C'^+=\min\limits_{i=1}^{n}C'_i$；$T^+=\min\limits_{i=1}^{n}T_i$。即正理想解 S^+ 代表了流域梯级坝群失效路径评价矩阵中最小值所在的向量组。

同理，流域梯级坝群失效路径评价矩阵的负理想解 S^- 可表示为

$$S^-=\{P^-,\ C'^-,\ T^-\} \tag{4.4.13}$$

式中：$P^-=\max\limits_{i=1}^{n}P_i$；$C'^-=\max\limits_{i=1}^{n}C'_i$；$T^-=\max\limits_{i=1}^{n}T_i$。即负理想解 S^- 代表了流域梯级坝群失效路径评价矩阵中最大值所在的向量组。

在上述分析基础之上，计算针对每个流域梯级坝群失效路径的群体效益 M_i 和最大个别遗憾 N_i，其计算公式为

$$M_i=\omega_P\frac{\mu_S(P^+,\ P_i)}{\mu_S(P^+,\ P^-)}+\omega_{C'}\frac{\mu_S(C'^+,\ C'_i)}{\mu_S(C'^+,\ C'^-)}+\omega_T\frac{\mu_S(T^+,\ T_i)}{\mu_S(T^+,\ T^-)} \tag{4.4.14}$$

$$N_i=\max\left\{\omega_P\frac{\mu_S(P^+,\ P_i)}{\mu_S(P^+,\ P^-)}+\omega_{C'}\frac{\mu_S(C'^+,\ C'_i)}{\mu_S(C'^+,\ C'^-)}+\omega_T\frac{\mu_S(T^+,\ T_i)}{\mu_S(T^+,\ T^-)}\right\} \tag{4.4.15}$$

式中：$\mu_S(A,\ B)$ 表示 A 相对于 B 的相对偏好关系，其数学表达式为

$$\mu_S(A,B)=\frac{1}{2}\left[\frac{(a_l-b_h)+2(a_m-b_m)+(a_h-b_l)}{2\|Y\|}+1\right] \tag{4.4.16}$$

在式(4.4.16)中的各参数求解过程如下：

$$\|Y\|=\begin{cases}\dfrac{(y_l^+-y_h^-)+2(y_m^+-y_m^-)+(y_h^+-y_l^-)}{2}, & y_l^+-y_h^-\geqslant 0\\ \dfrac{(y_l^+-y_h^-)+2(y_m^+-y_m^-)+(y_h^+-y_l^-)}{2}+2(y_h^--y_l^+), & y_l^+-y_h^-<0\end{cases} \tag{4.4.17}$$

$$y_l^+=\max\{a_l,b_l\},\quad y_m^+=\max\{a_m,b_m\} \tag{4.4.18}$$

$$y_h^+=\max\{a_h,b_h\},\quad y_l^-=\min\{a_l,b_l\} \tag{4.4.19}$$

$$y_m^-=\min\{a_m,b_m\},\quad y_h^-=\min\{a_h,b_h\} \tag{4.4.20}$$

4.4.2.2　流域梯级坝群主要失效路径辨识综合指标拟定

在流域梯级坝群失效路径评价矩阵中，各位专家评估结果难以相同，并可能会出现分歧，为了综合评价众人的意见和个体的意见，引入最大群体效用决策策略系数 ν 来进行求解。当 $\nu<0.5$ 时，表示个体的意见较为实际，应以个别遗憾占比重较大的方式进行决策；当 $\nu\approx 0.5$ 时，表示众人和个体的意见影响相当，应以均衡的方式进行决策；当 $\nu>0.5$ 时，表示众人的意见较为符合实际，应以群体效益占比重较大的方式进行决策，因此，建立流域梯级坝群主要失效路径辨识综合指标模型，其公式为：

$$Q_i=\nu\frac{M_i-M^-}{M^+-M^-}+(1-\nu)\frac{N_i-N^-}{N^+-N^-},\quad 1\leqslant i\leqslant n \tag{4.4.21}$$

式中：$M^+=\max\limits_{i=1}^{n}M_i$、$N^+=\max\limits_{i=1}^{n}N_i$ 分别表示流域梯级坝群失效路径的群体效益 M_i 和最大个别遗憾 N_i 的正理想解；$M^-=\min\limits_{i=1}^{n}M_i$、$N^-=\min\limits_{i=1}^{n}N_i$ 分别表示流域梯级坝群失效路径的群体效益 M_i 和最大个别遗憾 N_i 的负理想解。

经过式(4.4.21)对流域梯级坝群主要失效路径辨识综合指标的计算，为了对流域梯级坝群主要失效路径进行辨识，应根据 Q_i、M_i、N_i 的值，分别将其由小到大进行排序，分别得到三种不同的流域梯级坝群失效路径排序序列，依据排序序列的结果，辨识出一条最具风险的主要失效路径。

4.5 工程实例

4.5.1 工程概况

岷江是长江上游的主要支流之一，位于四川盆地的西部边缘，发源于四川和甘肃接壤的岷山南麓。岷江流域面积 13.6 万 km^2（含大渡河、青衣江），干流全长 735 km，天然落差 3 560 m。其中，都江堰市以上为上游，都江堰至乐山为中游，乐山以下为下游。岷江上游河段主要支流从北往南依次为黑水河、杂谷脑河、草坡河和渔子溪等。干流全长 735 km，途经汶川县和都江堰等[201-203]。本节选取岷江干流汶川至都江堰段和岷江支流渔子溪上的梯级坝群进行研究，具体地理分布图见图 4.5.1，图中箭头指向为水流方向。

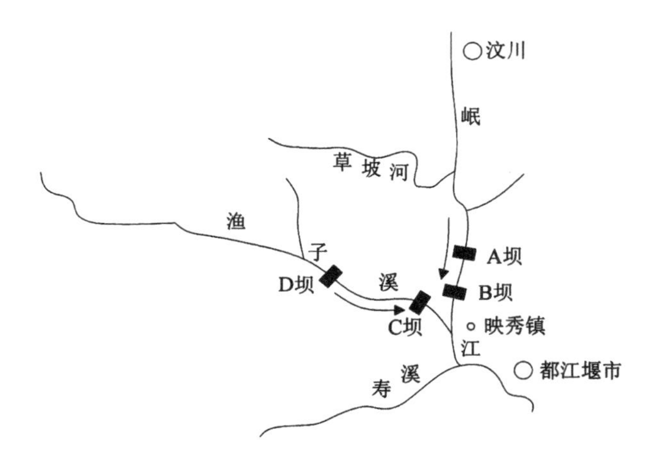

图 4.5.1　岷江-渔子溪流域梯级坝群地理分布示意图

A 坝：1996 年 2 月竣工，位于岷江干流汶川段，为闸坝引水式电站，主要任务为发电，装机容量为 260 MW，年发电量为 16.87 亿 kW・h。水库正常蓄水位 1 081.00 m，总库容为 96 万 m^3。电站枢纽为三等工程，由挡水大坝、引水建筑物和厂区建筑物三大部分组成，挡水大坝为混凝土闸坝，最大坝高为 29.1 m，坝顶长度约 230 m，按 3 级建筑物标准设计。工程区地震基本烈度为Ⅶ度，大坝设计烈度Ⅶ度。由 A 坝水电有限责任公司单独进行运行管理。

B 坝：1972 年 1 月竣工，位于汶川县岷江上游干流，为闸坝引水式电站，主要任务为发电，电站装机容量 135 MW，年发电量 7.13 亿 kW·h。水库正常蓄水位 945.00 m，总库容 93 万 m^3。工程规模为中型，工程等级为三等，由挡水建筑物、引水建筑物和厂区建筑物三大部分组成，挡水建筑物由混凝土拦河闸和右岸黏土心墙土坝等建筑物组成，设计等级为 3 级，最大坝高 21.4 m，坝顶长度约 156 m。工程区基本烈度为Ⅶ度，大坝设计烈度Ⅶ度。属映秀湾水力发电总厂统一管辖。

C 坝：1975 年 11 月竣工，位于岷江右岸支流渔子溪上，共建有两级梯级电站，C 坝为渔子溪梯级电站中的下游电站，主要任务是发电，总装机容量 160 MW，多年平均发电量 9.6 亿 kW·h。水库为日调节水库，正常蓄水位 1 200.00 m，死水位 1 184.00 m，总库容为 40.3 万 m^3，有效库容 39.1 万 m^3。工程规模为中型，工程等级为三等，由挡水大坝、引水建筑物和厂区建筑物三大部分组成。拦河大坝为混凝土闸坝，最大坝高 27.8 m，坝顶长度约 78 m。工程地区地震基本烈度为Ⅶ度，软基上的主要建筑物设防烈度按Ⅷ度设计，其余均按Ⅶ度设计，拦河闸地基为含砂漂(块)卵(碎)砾石层，按Ⅷ度设计。属映秀湾水力发电总厂统一管辖。

D 坝：1988 年 6 月竣工，位于岷江支流渔子溪下游，为渔子溪梯级电站中的上游电站，主要任务是发电，总装机容量 160 MW，多年平均发电量 8.74 亿 kW·h。水库为日调节水库，正常蓄水位为 1 501.00 m，死水位 1 484.00 m，水库总库容 69.5 万 m^3，调节库容 65.7 万 m^3。工程规模为中型，工程等级为三等，由挡水大坝、引水建筑物和厂区建筑物三大部分组成。挡水大坝为混凝土闸坝，最大坝高 31.5 m，坝顶长度约 88 m，设计等级为 3 级。工程区地震基本烈度为Ⅶ度。软基上的主要建筑物设防烈度按Ⅷ度设计，其余均按Ⅶ度设计。属映秀湾水力发电总厂统一管辖。

综上，将岷江-渔子溪梯级坝群的重要评价指标整理如表 4.5.1 所示。

表 4.5.1　岷江-渔子溪梯级坝群工程概况

大坝	坝型	工程等级	库容(万 m^3)	最大坝高(m)	坝龄(年)	管理方式
A 坝	混凝土闸坝	三等	96	29.1	25	电站公司直接管理
B 坝	混凝土闸坝、黏土心墙土坝	三等	93	21.4	49	流域公司统一管理
C 坝	混凝土闸坝	三等	40.3	27.8	46	
D 坝	混凝土闸坝	三等	69.5	31.5	33	

注：坝龄统计时间为 2021 年。

4.5.2 链式结构与失效路径

根据岷江-渔子溪梯级坝群的地理位置分布，岷江-渔子溪梯级坝群的链式结构如图 4.5.2 所示，箭头方向为水流方向，分别有两条可能的失效路径：

① A 坝→B 坝；

② D 坝→C 坝。

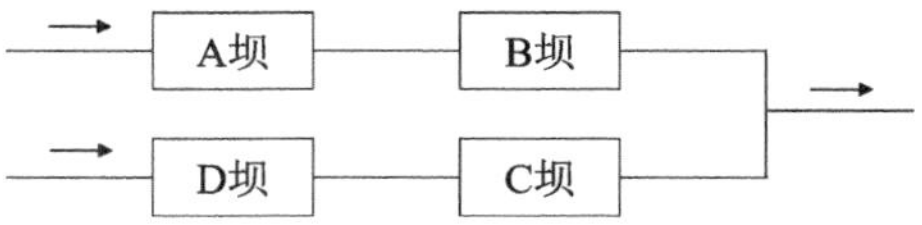

图 4.5.2 岷江-渔子溪梯级坝群链式结构示意图

4.5.3 风险链式效应分析

（1）计算评价指标权重

首先根据如图 4.3.6 所示的风险链式效应评价体系，对各评价指标的权重进行计算。

表 4.5.2 判断矩阵标度及其含义

标度	定义	描述
0.9	极端重要	两者比较，前者比后者极端重要
0.8	强烈重要	两者比较，前者比后者强烈重要
0.7	明显重要	两者比较，前者比后者明显重要
0.6	稍微重要	两者比较，前者比后者稍微重要
0.5	同等重要	两者的重要性相同
0.4～0.1	两元素间反向比较	两者比较，后者比前者的重要程度

邀请 6 名专家采用可拓层次分析法，参照表 4.5.2 的 0～1 标度含义对运行状态、地理位置、坝型、工程等级、库容、坝高、坝龄、管理水平 8 个指标的相对大小或轻重关系进行两两比较。两两对照是依次比对各流域梯级坝群风险链式效应指标。得到可拓判断矩阵 $\boldsymbol{A}_i$，以其中某位专家的可拓判断矩阵为例：

$$
\boldsymbol{A}_1 = [A_1^{-}, A_1^{+}]
= \begin{bmatrix}
\langle 0.50,0.50\rangle & \langle 0.70,0.80\rangle & \langle 0.75,0.85\rangle & \langle 0.65,0.75\rangle & \langle 0.85,0.95\rangle & \langle 0.80,0.90\rangle & \langle 0.65,0.75\rangle & \langle 0.50,0.55\rangle \\
\langle 0.20,0.30\rangle & \langle 0.50,0.50\rangle & \langle 0.50,0.60\rangle & \langle 0.40,0.50\rangle & \langle 0.65,0.75\rangle & \langle 0.60,0.70\rangle & \langle 0.40,0.50\rangle & \langle 0.25,0.35\rangle \\
\langle 0.15,0.25\rangle & \langle 0.40,0.50\rangle & \langle 0.50,0.50\rangle & \langle 0.35,0.45\rangle & \langle 0.55,0.65\rangle & \langle 0.50,0.60\rangle & \langle 0.35,0.45\rangle & \langle 0.20,0.30\rangle \\
\langle 0.25,0.35\rangle & \langle 0.50,0.60\rangle & \langle 0.55,0.65\rangle & \langle 0.50,0.50\rangle & \langle 0.70,0.80\rangle & \langle 0.65,0.75\rangle & \langle 0.45,0.55\rangle & \langle 0.30,0.40\rangle \\
\langle 0.05,0.15\rangle & \langle 0.25,0.35\rangle & \langle 0.35,0.45\rangle & \langle 0.20,0.30\rangle & \langle 0.50,0.50\rangle & \langle 0.40,0.50\rangle & \langle 0.20,0.30\rangle & \langle 0.10,0.20\rangle \\
\langle 0.10,0.20\rangle & \langle 0.30,0.40\rangle & \langle 0.40,0.50\rangle & \langle 0.25,0.35\rangle & \langle 0.50,0.60\rangle & \langle 0.50,0.50\rangle & \langle 0.25,0.35\rangle & \langle 0.15,0.25\rangle \\
\langle 0.25,0.35\rangle & \langle 0.50,0.60\rangle & \langle 0.55,0.65\rangle & \langle 0.45,0.55\rangle & \langle 0.70,0.80\rangle & \langle 0.65,0.75\rangle & \langle 0.50,0.50\rangle & \langle 0.30,0.40\rangle \\
\langle 0.45,0.50\rangle & \langle 0.65,0.75\rangle & \langle 0.70,0.80\rangle & \langle 0.60,0.70\rangle & \langle 0.80,0.90\rangle & \langle 0.75,0.85\rangle & \langle 0.60,0.70\rangle & \langle 0.50,0.50\rangle
\end{bmatrix}
\tag{4.5.1}
$$

式中：A^+ 为流域梯级坝群风险链式效应可拓区间数互补判断矩阵的上限；A^- 为流域梯级坝群风险链式效应可拓区间数互补判断矩阵的下限。

对可拓判断矩阵进行求解，得到该专家对各评价指标的权重：

$$\boldsymbol{W}_1 = [0.260, 0.102, 0.077, 0.127, 0.029, 0.048, 0.127, 0.231] \quad (4.5.2)$$

通过式(4.3.14)对6位专家评价出的风险链式效应评价指标权重向量进行集成，得到综合指标权重：

$$\boldsymbol{W} = [0.252, 0.108, 0.073, 0.132, 0.031, 0.043, 0.124, 0.237] \quad (4.5.3)$$

（2）构造加权化均值决策矩阵

得到了各风险链式效应评价指标的权重后，接下来结合表4.5.1的岷江-渔子溪梯级坝群工程参数构建风险链式效应评价决策矩阵。运行状态、工程等级、库容、坝高和坝龄，这五项评价指标的决策值可根据相应工程参数直接进行赋值，坝型、地理位置和管理水平，这三项评价指标的决策值无法直接得到，由专家根据各大坝的情况进行赋值。这样避免了所有评价指标的决策值均由专家评价得到而使得最终评价结果过于主观的情况。但由于本次研究未收集到该流域梯级坝群中各大坝的实测资料，故无法根据式(4.3.7)得到评价指标“运行状态”的精确决策值，该指标仍通过专家决策评价进行赋值。

该流域梯级坝群位于四川省，梯级坝群中各座大坝在2008年的汶川地震中均有不同程度的损坏，见表4.5.3。虽之后都进行了除险加固，但当时的震损情况也可在一定程度上为专家针对该流域梯级坝群中各座大坝的“运行状态”进行决策评价提供参考依据。

表4.5.3　汶川地震中各大坝的损坏程度

大坝	A坝	B坝	C坝	D坝
震损程度	轻微	严重	较重	严重

综上，得到流域梯级坝群风险链式效应评价决策矩阵：

$$\boldsymbol{X} = \begin{bmatrix} 5 & 4 & 5 & 3 & 96 & 29.1 & 25 & 4 \\ 3 & 5 & 4 & 3 & 93 & 21.4 & 49 & 5 \\ 4 & 3 & 5 & 3 & 40.3 & 27.8 & 46 & 5 \\ 3 & 2 & 5 & 3 & 69.5 & 31.5 & 33 & 5 \end{bmatrix} \quad (4.5.4)$$

为便于后续计算，下面要将评价决策矩阵进行规范化处理。将运行状态、坝型和管理水平作为成本型指标，将地理位置、工程等级、库容、最大坝高、坝龄作为效益型指标，对两类八项指标进行规范化处理，综合各项指标得到规范化后的决策矩阵：

$$\boldsymbol{R}=\begin{bmatrix}0.351 & 0.544 & 0.468 & 0.500 & 0.616 & 0.525 & 0.317 & 0.585\\ 0.585 & 0.680 & 0.585 & 0.500 & 0.596 & 0.386 & 0.621 & 0.468\\ 0.439 & 0.408 & 0.468 & 0.500 & 0.258 & 0.502 & 0.583 & 0.468\\ 0.585 & 0.272 & 0.468 & 0.500 & 0.446 & 0.569 & 0.418 & 0.468\end{bmatrix} \tag{4.5.5}$$

结合上述求解的指标权重对矩阵加权化得到加权化矩阵，表示如下：

$$\boldsymbol{V}=\begin{bmatrix}0.088 & 0.059 & 0.034 & 0.066 & 0.019 & 0.023 & 0.039 & 0.139\\ 0.147 & 0.073 & 0.043 & 0.066 & 0.018 & 0.017 & 0.077 & 0.111\\ 0.111 & 0.044 & 0.034 & 0.066 & 0.008 & 0.022 & 0.072 & 0.111\\ 0.147 & 0.029 & 0.034 & 0.066 & 0.014 & 0.024 & 0.052 & 0.111\end{bmatrix} \tag{4.5.6}$$

(3) 求解风险链式效应系数

依据式(4.3.21)与式(4.3.22)对上述均值矩阵求解各指标的正、负理想解，表示如下：

$$V^{+}=[0.088,\ 0.073,\ 0.034,\ 0.066,\ 0.019,\ 0.024,\ 0.077,\ 0.111] \tag{4.5.7}$$

$$V^{-}=[0.147,\ 0.029,\ 0.043,\ 0.066,\ 0.008,\ 0.017,\ 0.039,\ 0.139] \tag{4.5.8}$$

结合式(4.3.23)与式(4.3.24)得到各风险决策值与正、负理想解的欧式距离值，为

$$D^{+}=[0.049,\ 0.060,\ 0.039,\ 0.078] \tag{4.5.9}$$

$$D^{-}=[0.068,\ 0.065,\ 0.059,\ 0.034] \tag{4.5.10}$$

根据式(4.3.25)可以求得相应的风险链式效应系数为

$$E=[0.581,\ 0.520,\ 0.602,\ 0.304] \tag{4.5.11}$$

即A坝、B坝、C坝、D坝的风险链式效应系数分别为0.581，0.520，0.602，0.304。这表明流域梯级坝群中各座大坝的风险具有不同的传递性。

4.5.4　失效路径挖掘

（1）可能失效路径的表征

6位专家对每条梯级坝群可能失效路径进行模糊语义术语评价，6位专家的权重都赋予相同的值，即为1。6位专家对2条梯级坝群可能失效风险路径的敏感性与严重性采用7度模糊评价语义进行评价，结果如表4.5.4所示。定义梯级坝群可能失效路径7度模糊评价语义集合：非常低VL(0, 0, 0.16)，低L(0, 0.16, 0.34)，较低ML(0.16, 0.34, 0.5)，一般M(0.34, 0.5, 0.66)，较高MH(0.5, 0.66, 0.84)，高H(0.66, 0.84, 1)，非常高VH(0.84, 1, 1)。根据梯级坝群中各大坝的基本概况，得出风险因子的权重分别为$\omega_P=0.35$、$\omega_C=0.35$、$\omega_T=0.3$。

表4.5.4　专家对可能失效路径的语义评价信息表

	敏感性 *P*		严重性 *C*	
	路径1	路径2	路径1	路径2
专家1	ML	L	MH	MH
专家2	L	L	H	MH
专家3	ML	ML	MH	MH
专家4	L	ML	MH	MH
专家5	ML	L	M	MH
专家6	ML	L	MH	H

对于专家根据梯级坝群所有可能失效路径信息给出的语义评估信息，采用三角模糊数进行处理，并基于加权算术平均法计算了专家对梯级坝群可能失效路径评估的集成评价值，结果如表4.5.5所示。

表4.5.5　专家语义评价转化为三角模糊数

	P	*C*
路径1	(0.107, 0.28, 0.447)	(0.5, 0.663, 0.837)
路径2	(0.053, 0.22, 0.393)	(0.527, 0.69, 0.867)

梯级坝群所有可能失效路径的传递性T由上一节中计算得到的风险链式效应系数直接进行赋值。下面即可构建出梯级坝群失效路径评价矩阵$\boldsymbol{S}$：

$$\boldsymbol{S}=\begin{bmatrix}(0.107,0.28,0.447) & (0.5,0.663,0.837) & 0.551\\(0.053,0.22,0.393) & (0.527,0.69,0.867) & 0.453\end{bmatrix} \tag{4.5.12}$$

（2）失效路径间的影响关系

6位专家通过分析各可能失效路径间的影响关系，得出梯级坝群可能失效路径直接关联矩阵，根据式（4.4.2）至式（4.4.4）计算出归一化的梯级坝群可能失效路径直接关联矩阵，对归一化的梯级坝群可能失效路径直接关联矩阵中元素取算术平均，得到集成归一化的梯级坝群可能失效路径直接关联矩阵：

$$\boldsymbol{O}=\begin{bmatrix}0 & (0.282,0.349,0.368)\\(0.284,0.337,0.379) & 0\end{bmatrix} \tag{4.5.13}$$

根据式（4.4.8）至式（4.4.11）对梯级坝群失效路径评价进行调整，得到调整后的梯级坝群失效路径评价矩阵为

$$\boldsymbol{S}=\begin{bmatrix}(0.107,0.28,0.447) & (0.502,0.701,0.790) & 0.551\\(0.053,0.22,0.393) & (0.525,0.652,0.820) & 0.453\end{bmatrix} \tag{4.5.14}$$

（3）主要失效路径的辨识

根据式（4.4.12）和式（4.4.13），对调整后的评价结果矩阵进行处理，求出矩阵中元素的正理想解 S^{+} 和负理想解 S^{-}：

$$S^{+}=\{(0.053,0.22,0.393),(0.502,0.652,0.79),0.453\} \tag{4.5.15}$$

$$S^{-}=\{(0.107,0.28,0.447),(0.525,0.701,0.82),0.551\} \tag{4.5.16}$$

再根据式（4.4.14）至式（4.4.21）分别计算 M_i、N_i 和 Q_i，按照由小到大的顺序进行排序，所得计算结果如表4.5.6所示。

表4.5.6　失效路径辨识结果

	M_i	排序	N_i	排序	Q_i	排序
失效路径1	1.361 4	1	0.624 1	1	1	1
失效路径2	0.911 5	2	0.350 0	2	0	2

从表4.5.6中可以看出，以众人意见进行排序的结果是失效路径1较失效路径2失效可能性更大，以个体的意见进行排序的结果是失效路径1较失效路径2失效可能性更大，综合众人和个体的意见进行排序，结果仍然为失效路径1

较失效路径 2 失效可能性更大。因此，该流域梯级坝群中，失效路径 1 风险程度更高，更加可能发生风险事故，需要重点对其进行安全评估，以确保流域安全。

4.6 本章小结

本章针对流域梯级坝群特点及风险传递机制，剖析了流域梯级坝群的风险链式效应，研究了流域梯级坝群失效路径的辨识方法，主要研究内容及成果如下。

（1）基于可靠度理论，建立了风险对大坝结构可靠性的效应模型，研究了风险对流域梯级坝群可靠性的影响。探究了风险在流域梯级坝群系统内部传递的过程、条件和特性，构建了不同风险传递结构，并运用概率统计理论，提出了单一与多重风险传递模型。

（2）基于贝叶斯理论，对流域梯级坝群风险传递过程进行了描述，为量化分析流域梯级坝群中的风险链式效应，构建了风险链式效应评价指标体系，利用第二章提出的模糊可拓层次分析指标赋权方法，结合信息熵理论，进一步提出了确定指标综合权重的方法。基于逼近理想解法，提出了风险链式效应系数计算方法，构建了风险链式效应分析模型。

（3）基于决策试验与评价实验室分析方法，分析了流域梯级坝群所有可能失效路径之间的关系，研究了各失效路径对失效严重程度评价结果的影响，由此构建了所有可能失效路径关联矩阵，挖掘所有可能失效路径。以敏感性、严重性和传递性为依据，构建了流域梯级坝群主要失效路径辨识综合指标，提出了流域梯级坝群主要失效路径辨识方法。

第五章

流域梯级坝群失效概率估算方法

5.1 概述

上一章提出的识别流域梯级坝群主要失效路径的方法，为本章进一步探究失效概率估算方法提供了依据。为了估算流域梯级坝群的失效概率，确定单一大坝的失效概率是基础。目前，对单一大坝失效概率的估算主要基于可靠度理论，主要有蒙特卡罗法、一次二阶矩法和响应面法等[204-206]。但梯级坝群中包含了不同性质的单一大坝，使得待求解的流域梯级坝群可靠度功能函数非线性程度高，且所包含的不确定影响因子的个数较多，用于单一大坝的失效概率估算的传统方法难以直接用于流域梯级坝群，故需要进一步探索流域梯级坝群失效概率可靠度计算方法。

流域梯级坝群风险形成十分复杂，与流域梯级坝群中各单一大坝的环境因素、工程因素和人为因素等有关，当流域梯级坝群仅由两座水库大坝串联组成时，可采用随机水文模拟或调洪演算求解梯级坝群的失效概率。但流域梯级坝群是一个多层复杂的混联结构，同时受各风险因素不确定性、随机性、模糊性等影响，风险因素与风险之间的因果逻辑关系较为复杂，现有的方法难以对流域梯级坝群风险事件流进行表征，进而影响了估算失效概率的精度。此外，流域梯级坝群中各座大坝实测资料是该坝所受风险因素与风险状态的综合反映，有部分学者通过实测资料对单一大坝的风险状态进行了估计，这为流域梯级坝群失效概率的估算提供了一定参考。但目前通过实测资料进行估计，是以效应量与监控指标的比值作为依据，来近似度量风险的程度。对实际失效临界状态的估计存在偏差，影响了失效概率估算的质量。

针对上述问题，本章经由对现有大坝失效概率计算方法的研究，结合可靠度理论，构建基于改进人工鱼群算法的大坝失效概率估算模型，并考虑风险的链式效应，建立流域梯级坝群失效概率可靠度估算模型。运用混合因果逻辑建模技术，考虑流域梯级坝群风险传递过程影响，建立流域梯级坝群混合因果逻辑分析模型，提出基于混合因果逻辑的流域梯级坝群失效概率估算方法。综合运用大坝实测资料与最大熵理论，对大坝失效临界指标进行拟定，提出大坝失效概率实测资料估算方法，通过对不同型 k/N 模型求解方法的探究，提出基于实测资料的流域梯级坝群失效概率估算方法。

5.2　流域梯级坝群失效概率可靠度估算方法

可靠度理论[207]是估算大坝失效概率的常用方法，其认为几乎所有的大坝工程变量均为随机变量，需要以结构安全性与可靠性各种量值的可靠度、可靠性指标为准则来设计或校核结构。下面运用可靠度理论，先以单座大坝为对象，研究其失效概率的估算方法，再进一步探究流域梯级坝群失效概率可靠度估算方法。

5.2.1　大坝失效概率传统估算方法

假定结构的抗力随机变量为 R，荷载效应随机变量为 S，且 R 与 S 相互独立，结构从安全到破坏的极限状态可以用其荷载效应 S 和结构抗力 R 之间的关系来加以描述。结构所处的状态可概括为

$$Z=g(R,\ S)=R-S \tag{5.2.1}$$

结构可靠性是用可靠度来度量的，而结构可靠度定义为在规定的时间内和规定的条件下结构完成预定功能的概率，表示为 P_S。相应地，如果结构不能完成预定的功能，则称相应的概率为结构失效的概率，表示为 P_f，即失效概率。结构的可靠与失效是两个互不相容事件，因此，结构的可靠概率 P_S 和失效概率 P_f 是互补的，即 $P_S+P_f=1$。

根据式(5.2.1)的功能函数分析，结构所处状态可以归纳为下列三种：①当 $g(R,\ S)=0$ 时，表示大坝结构达到极限状态，此状态下大坝结构状态极易改变；②当 $g(R,\ S)<0$ 时，大坝结构处于失效状态，并且结构不能完成相应的功能，此状态只存在于理论之中，现实中并无此状态，因为一旦 $g(R,\ S)<0$，大坝结构状态会发生改变，直到 $g(R,\ S)\geqslant 0$；③当 $g(R,\ S)>0$ 时，表明结构可能处于安全状态，结构能够完成相应的功能，大坝结构一般以此状态居多。

设大坝结构有潜在的风险，即在结构安全状态下可能不能完成相应的功能，

则相应的结构失效概率为

$$P_f = p(Z < 0) = p\{(R - S) < 0\} \tag{5.2.2}$$

有时也采用以下变化形式：

$$P_f = p(Z < 0) = p(R < S) = p\left(\frac{R}{S} < 1\right) \tag{5.2.3}$$

$$P_f = \int_0^{\infty}\int_0^{S} f_{RS}(r, s)\mathrm{d}r\mathrm{d}s \tag{5.2.4}$$

式中：$f_{RS}(r, s)$ 为抗力 R 和荷载 S 之间的联合密度函数。

直接运用数值积分的方法来计算大坝失效概率是十分困难的，实际计算大坝的失效概率多采用近似方法进行求解，为此引入了结构可靠指标 β。图 5.2.1 为可靠指标与失效概率的求解示意图。

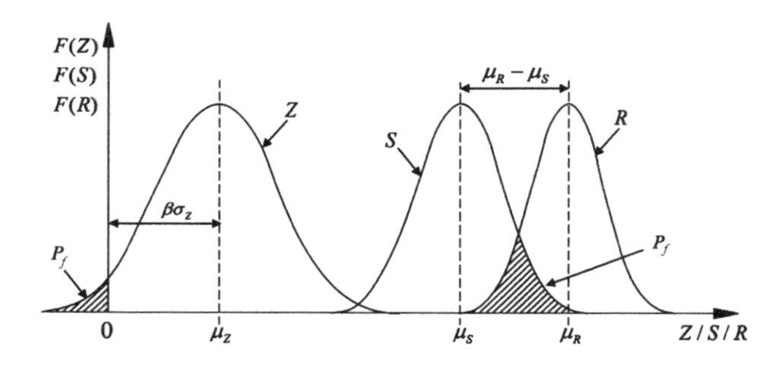

图 5.2.1　可靠指标求解示意图

可靠指标 β 与失效概率 P_f 之间存在着相互对应关系：β 越小，P_f 就越大；β 越大，P_f 就越小，即可靠度越大，失效概率就越小。当 R 和 S 均服从正态分布时，大坝极限状态 Z 也服从正态分布，则可靠指标和失效概率的对应关系可进一步表示为

$$P_f = \Phi(-\beta) \tag{5.2.5}$$

在得到大坝可靠指标和失效概率的对应关系后，对大坝失效概率函数的精确求解就成了大坝失效概率估算的重点。目前大坝失效概率模型的常用计算方法有均值一次二阶矩法、改进一次二阶矩法、响应面法、直接积分法、蒙特卡罗法、拉丁超立方抽样法等[208-209]。下面重点研究运用 Hasofer-Lind 可靠度指标求解失

效概率，并引入改进人工鱼群算法（IAFSA），建立大坝失效概率估算模型。

5.2.2　基于改进 AFSA 的大坝失效概率求解方法

1974 年，Hasofer 和 Lind[210-211]首次使用几何法定义可靠指标：可靠指标为标准正态变量空间内极限状态曲面到坐标原点的最小距离，如图 5.2.2 所示，点 P^* 为设计验算点。

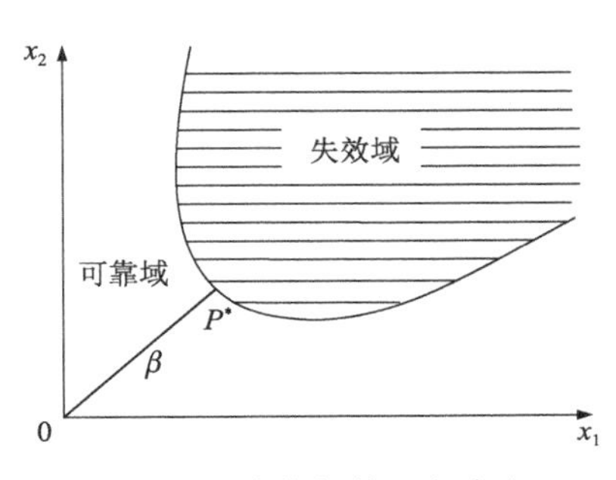

图 5.2.2　可靠指标的几何意义

假设影响大坝可靠度的随机影响因子 $\boldsymbol{X}=(x_1, x_2, \cdots, x_n)$ 相互独立且服从正态分布，经变换得到标准正态随机变量 $\boldsymbol{U}=(u_1, u_2, \cdots, u_n)$，依据 Hasofer 和 Lind 的可靠度指标定义，构建如式(5.2.6)所示的可靠指标求解模型。

$$\begin{cases} \beta=\min\sqrt{\boldsymbol{U}^{\mathrm{T}}\boldsymbol{U}}=\min\sqrt{\sum_{i=1}^{n}\left(\dfrac{x_i-\mu_{x_i}}{\sigma_{x_i}}\right)^2} \\ \text{s. t.}\quad Z=g\left(\dfrac{x_1-\mu_{x_1}}{\sigma_{x_1}}, \dfrac{x_2-\mu_{x_2}}{\sigma_{x_3}}, \cdots, \dfrac{x_n-\mu_{x_n}}{\sigma_{x_n}}\right)=0 \end{cases} \tag{5.2.6}$$

式中：μ_{x_i} 和 σ_{x_i} 分别为随机影响因子的平均值和标准差。

引入罚函数，将上述模型转换成无约束条件下的优化问题：

$$\beta=\min\sqrt{\sum_{i=1}^{n}\left(\frac{x_i-\mu_{x_i}}{\sigma_{x_i}}\right)^2}+\lambda\zeta\left[g\left(\frac{x_1-\mu_{x_1}}{\sigma_{x_1}}, \frac{x_2-\mu_{x_2}}{\sigma_{x_3}}, \cdots, \frac{x_n-\mu_{x_n}}{\sigma_{x_n}}\right)\right] \tag{5.2.7}$$

式中：λ 为惩罚因子，通常 $\lambda=1$；ζ 为惩罚函数，通常有两种：$x\rightarrow x^2$ 和 $x\rightarrow |x|$。

5.2.2.1　随机因子的正态化

通常有两种方法将非正态随机因子转化为正态随机因子，第一种是按照等概率原则，将非正态随机因子映射为标准正态随机因子，第二种是采用 JC 法或 R-F(拉科维茨-菲斯莱)法将非正态随机因子当量正态化。本书采用第一种方法将随机因子正态化。

设 Ψ 是随机因子的原始分布空间，$\boldsymbol{X}(x_1, x_2, \cdots, x_n)$ 是该空间中的一个向量，相应的功能函数表示为

$$Z = g(x_1, x_2, \cdots, x_n) = 0 \tag{5.2.8}$$

若 $\boldsymbol{U}(u_1, u_2, \cdots, u_n)$ 是 n 维标准正态空间 Ω 中的向量，Φ 为标准正态累积分布函数，则随机因子的累积分布函数 $F_{x_i}(x_i)$ 表示为

$$F_{x_i}(x_i) = \Phi(u_i) \tag{5.2.9}$$

则

$$u_i = \Phi^{-1}[F_{x_i}(x_i)] \tag{5.2.10}$$

$$x_i = F_{x_i}^{-1}[\Phi(u_i)] \tag{5.2.11}$$

当随机因子转化到标准正态空间后，需要求解验算点的坐标值。当功能函数的非线性程度较高时，迭代计算可能会不收敛，为了解决这一问题，可以引入改进人工鱼群算法（IAFSA）对其进行优化求解。

5.2.2.2 改进的人工鱼群算法

在自然界中，一个拥有大量鱼类的区域通常是有营养的。鱼可以通过智能行为发现最有营养的区域，如捕食行为、群体行为、跟随行为等。人工鱼群算法（AFSA）是一种基于鱼群行为的人工智能算法。该算法通过模仿人工鱼（Artificial Fish，AF）的集体运动达到全局最优，具有鲁棒性好、全局搜索能力强、参数设置宽容、对初值不敏感等特点[212-213]。

人工鱼（AF）的视觉概念如图 5.2.3 所示。在图中，*Step* 表示步长，*Visual* 表示视觉距离。AF 的空间坐标表示为 $X = (x_1, x_2, x_3, \cdots, x_n)$，其中 x_i 是一个可能的解。AF 在其当前位置的食物一致性由目标函数 $Y = f(X)$ 表示。相邻 AF 个体（第 i 和第 j 个）之间的距离表示为 $D_{ij} = \| X_i - X_j \|$，种群因子为 Δ。

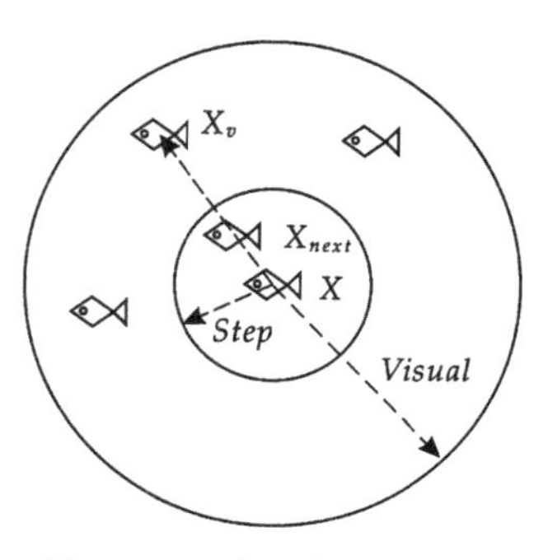

图 5.2.3　人工鱼的视觉概念

鱼的行为依赖于检查附近的区域，直到到达行为条件满足的地方。因此，如果 AF 条件反射向一个方向前进，它到达 X_{next}；否则，它将继续在其可

视范围内检查。

刷新位置可以描述为

$$x_v = x_i + Visual \times rand(), \quad i \in (0, n] \tag{5.2.12}$$

$$X_{next} = \frac{X_v - X}{\| X_v - X \|} \times Step \times rand() \tag{5.2.13}$$

式中：X_v 为视野中的位置；$rand()$ 为 0 到 1 之间随机数；n 为变量的个数。

AF 具有四种行为模式：捕食行为、群体行为、跟随行为和随机行为。

① 捕食行为

捕食行为主要被认为是一种趋向于获得更多食物的行为。本质上，它是一种迭代的方式，以移动到一个更有营养的领域。设 AF 的当前位置为 X_i，可视范围内的随机位置为 X_j，如果满足客观条件 $Y_i < Y_j$，AF 就朝这个方向前进；否则，选择一个新的随机位置，并执行客观条件。如果条件不满足，在指定的次数之后，调用 try_number，随机步长。在捕食行为中，try_number 越小，说明 AF 是随机游动的，因此偏离局部极值场。刷新位置为

$$\begin{cases} X_i(t+1) = X_i(t) + \dfrac{X_j(t) - X_i(t)}{\| X_j(t) - X_i(t) \|} \times Step \times rand() & Y_i < Y_j \\ X_j = X_i + Visual \times [2 \times rand() - 1] & Y_i \geqslant Y_j \end{cases} \tag{5.2.14}$$

② 群体行为

鱼会自然地成群聚集，以避免危险，保证群体的存在。这个聚集区的中心可表示为

$$X_c = \frac{1}{n} \sum_{i=1}^{n} X_i \tag{5.2.15}$$

设 n_f 为 AF 的邻近同伴数（$D_{ij} < Visual$），如果 $Y_c / n_f > \delta Y_i$，说明 AF 的同伴中心位置有较多的食物（适应度函数值较高），AF 向同伴中心位置移动；否则，AF 执行捕食行为。更新后的位置条件为

$$\begin{cases} X_i(t+1) = X_i(t) + \dfrac{X_c(t) - X_i(t)}{\| X_c(t) - X_i(t) \|} \times Step \times rand() & \dfrac{Y_c}{n_f} > \delta Y_i \\ X_j = X_i + Visual \times [2 \times rand() - 1] & \text{其他} \end{cases} \tag{5.2.16}$$

③ 跟随行为

跟随行为可以理解为向最好的邻近同伴移动。设 AF 当前位置为 X_i，且同伴 X_j 在食物一致性最好的附近（$D_{ij} < Visual$）。如果 $Y_j/n_f > \delta Y_i$，由于同伴的食物浓度较高(适应度功能值较高)，且周围宽敞，AF 向前踏步；否则，它遵循捕食行为。即：

$$\begin{cases} X_i(t+1) = X_i(t) + \dfrac{X_j(t) - X_i(t)}{\| X_j(t) - X_i(t) \|} \times Step \times rand() & \dfrac{Y_j}{n_f} > \delta Y_i \\ X_j = X_i + Visual \times [2 \times rand() - 1] & \text{其他} \end{cases} \tag{5.2.17}$$

④ 随机行为

鱼会在水里乱游，对应地，它们在更大范围内寻找食物或同伴。这是捕食的默认行为。此时，AF 的位置可表示为

$$X_i(t+1) = X_i(t) + Visual \times [2 \times rand() - 1] \tag{5.2.18}$$

以上行为模式一起构成了 AFSA 模型。但是 AFSA 模型的一个弱点是它在大面积或平坦区域的搜寻能力欠佳。更确切地说，当一个自组织系统搜索局部最优时，其他的自组织系统会表现出混沌行为，从而降低了全局最优的搜索效率。为了提高 AFSA 的性能，借鉴遗传算法，在 AFSA 中嵌入交叉算子。交叉操作者结合两个个体的特征，创造出一个潜在的更好的后代。通过允许不确定性，改进了全局最优解的搜索。

在每次迭代中，根据交叉概率将指定数量的 AF 放入池中。首先，在每个 AF 之间进行交叉操作，以生成相应的子 AF。子 AF 替换父 AF，其位置由父 AF 的算术交叉给出，即：

$$X^{child}(t) = rand() \times X_1^{parent}(t) + [1 - rand()] \times X_2^{parent}(t) \tag{5.2.19}$$

最后，通过迭代生成了一个新的鱼群。

5.2.2.3 大坝失效概率的估算

大坝失效概率估算的关键是根据随机影响因子的统计特征和极限状态功能函数来计算相应功能模式下的可靠概率。当功能函数非线性程度较高时，梯度会剧烈变化使得迭代计算不稳定。为避免梯度优化法所存在的问题，提高可靠

指标的计算精度，本书利用改进人工鱼群算法搜索设计验算点计算可靠指标，主要步骤如下。

步骤1：参照水工建筑物设计规范，以大坝实测资料为基础建立大坝的功能函数和极限状态方程，通过分布检验确定各大坝极限状态功能函数样本值的统计特征，包括分布类型和统计特征值，如存在非正态分布影响因子，则按式(5.2.10)与式(5.2.11)将因子正态化。

步骤2：结合Hasofer-Lind法，构建大坝的可靠度指标计算模型，如式(5.2.6)所示，并利用罚函数法将该模型改写为无约束优化函数模型，代入步骤1中得到正态随机因子。

步骤3：采用改进的人工鱼群算法搜索无约束函数模型式(5.2.7)的最优解，即设计验算解，其到原点的距离即大坝的可靠指标 β，进而最终得到大坝的失效概率。

5.2.3　流域梯级坝群失效概率可靠度估算模型

流域梯级坝群系统的结构复杂多变，在系统失效概率分析中，可以根据系统的特点，采取理想化的处理措施，将复杂系统简化为多级串并联系统的组合，下面先对单一失效路径上的坝群进行分析。

5.2.3.1　单一失效路径上子坝群的失效概率

单一失效路径上子坝群的失效模式为链式失效，即为一种串联系统，如图5.2.4所示。

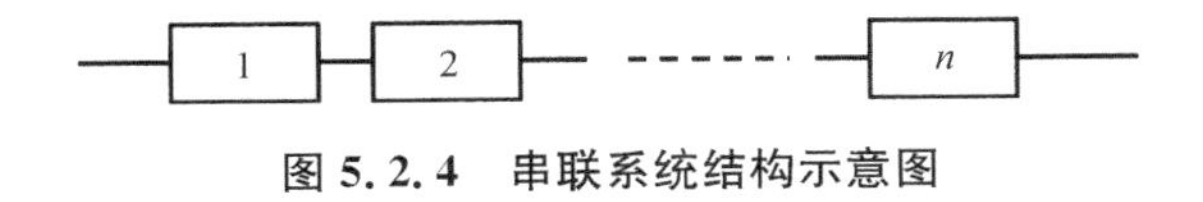

图5.2.4　串联系统结构示意图

设 $Z_1, Z_2, \cdots, Z_n$ 为失效路径上各大坝的极限状态功能函数，第 i 座大坝的失效概率函数为 P_i，则整个串联系统失效概率的一般表达式为

$$P = P(\bigcup_{i=1}^{N} P_i) \tag{5.2.20}$$

结合大坝功能函数，计算系统失效概率 P_{fs} 的表达式为

$$P_{fs} = P(Z_1 \leqslant 0, Z_2 \leqslant 0, \cdots, Z_n \leqslant 0) = P(\bigcup_{i=1}^{N} \{Z_i \leqslant 0\}) \tag{5.2.21}$$

式中：Z_i 是第 i 座大坝的功能函数。

若独立性假设理论不考虑相关性，即坝群系统中的各大坝之间相互独立，则：

$$P_{fs}=P(Z_1\leqslant 0)P(Z_2\leqslant 0)\cdots P(Z_n\leqslant 0)=1-\prod_{i=1}^{n}(1-P_i) \quad (5.2.22)$$

若根据最薄弱环节理论，认为系统中的大坝是完全相关的两两线性关系，则：

$$P_{fs}=\max[P(Z_1\leqslant 0)P(Z_2\leqslant 0)\cdots P(Z_n\leqslant 0)]=\max(P_1,\ P_2,\ \cdots,\ P_n) \quad (5.2.23)$$

而实际的系统结构，其失效概率的取值范围为

$$\max(P_1,\ P_2,\ \cdots,\ P_n)\leqslant P_{fs}\leqslant 1-\prod_{i=1}^{n}(1-P_i) \quad (5.2.24)$$

由上一章研究可知，流域梯级坝群中各大坝之间具有一定的相关性，且风险在相邻大坝间具有传递性。为了剖析相邻大坝失效概率之间的相关性，引入第四章中得到的风险链式效应系数 k_i，则第 i 座大坝的失效概率可表示为

$$P'_i=P_i+k_{i-1}\cdot P_{i-1} \quad (5.2.25)$$

式中：P_{i-1} 和 P_i 分别为根据式(5.2.5)计算出的第 $i-1$ 和 i 座大坝的失效概率；P'_i 为考虑风险链式效应第 i 座大坝的失效概率；k_i 为风险链式效应系数。

在此基础上，单一失效路径上坝群系统的失效概率可进一步表示为

$$P_{fs}=\max(P'_1,\ P'_2,\ \cdots,\ P'_n) \quad (5.2.26)$$

5.2.3.2 流域梯级坝群整体失效概率

流域梯级坝群系统实质上是若干座大坝通过复合串并联的形式组成的，在明确了单一失效路径上子坝群系统的失效概率后，即可将流域梯级坝群系统简化为一种由若干子坝群系统并联构成的并联系统，如图 5.2.5 所示。

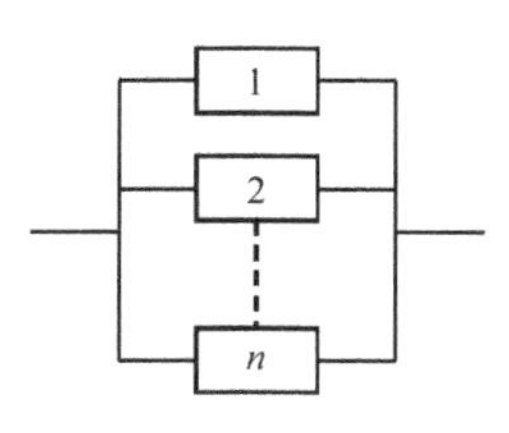

图 5.2.5 并联系统结构示意图

假设第 i 条失效路径上子坝群系统的失效概率函数为 P_i，则整个并联系统失效概率的一般表达式为：

$$P=P(\bigcap_{i=1}^{N}P_i) \quad (5.2.27)$$

若不考虑相关性，即各失效路径上子坝群系统之间相互独立，则：

$$P_{fs} = \prod_{i=1}^{n} P_i \tag{5.2.28}$$

若根据最薄弱环节理论，即认为各失效路径上子坝群系统之间是完全相关的两两线性关系，则：

$$P_{fs} = \min(P_1, P_2, \cdots, P_n) \tag{5.2.29}$$

因此，实际流域梯级坝群整体失效概率 P_{fs} 取值范围为

$$\prod_{i=1}^{n} P_i \leqslant P_{fs} \leqslant \min(P_1, P_2, \cdots, P_n) \tag{5.2.30}$$

本节提出的基于改进 ASFA 的大坝失效概率估算方法一定程度上解决了大坝功能函数的非线性程度较高时，迭代计算可能会不收敛的问题，但流域梯级坝群中包含了不同性质的单一大坝，使得待求解的流域梯级坝群可靠度功能函数非线性程度高，且所包含的不确定影响因子的个数较多，使用基于可靠度的估算方法仍存在一定局限性。因此，对于流域梯级坝群失效概率的估算，需要从新的角度进行探究。

5.3　基于混合因果逻辑的流域梯级坝群失效概率估算方法

流域梯级坝群是一种受多种风险因素耦合影响的复杂系统，其中风险因素的效应具有不确定性，很难通过可靠度估算方法直接量化出来。而混合因果逻辑分析方法能够针对流域梯级坝群风险发生的因果逻辑，即其风险事件流，更深入地分析可能造成重大失效事故的潜在风险，并对其发生概率进行有效量化。接下来结合混合因果逻辑的建模思想，对流域梯级坝群失效概率的估算进行研究。

5.3.1　混合因果逻辑模型的基本概念与特征

在实践中，基于因果关系的布尔逻辑概率风险分析方法如故障树、事件流(Event Sequence Diagram，ESD)或事件树模型被广泛应用于各类系统、事故的建模与风险分析，而人和环境荷载等不确定的因果因素通常用贝叶斯网络来模拟。混合因果逻辑方法则通过结合上述方法来处理逻辑关系更加复杂的风险场景。接下来对混合因果逻辑模型的基本概念与特征进行研究。

5.3.1.1 混合因果逻辑分析方法的基本概念

如图 5.3.1 所示，混合因果逻辑分析方法是一种具有三层逻辑结构的风险场景建模与分析方法。在这个多层模型中，模拟事故发展的事件流是第一层，其次是分析硬件系统失效的故障树和分析含不确定性因素事件的贝叶斯网络。

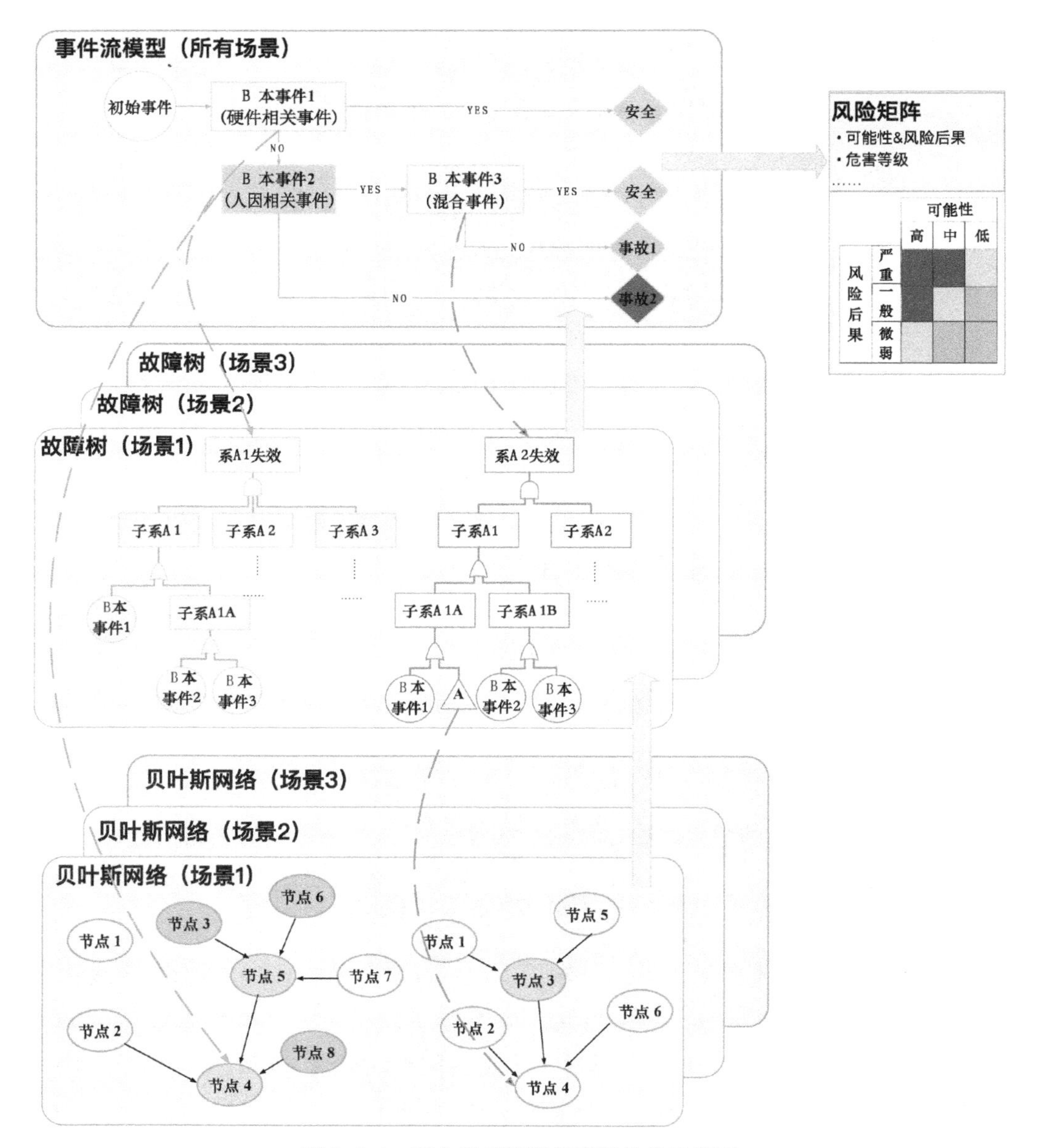

图 5.3.1　混合因果逻辑模型的结构示意图

事件流模拟了由同一起始事件产生的所有可能的结束状态及其相关的中间事件序列。其中，中间事件也叫关键事件(Pivotal Event, PE)，是对场景发展有导向性的关键节点，也包括人的决策，以便根据系统或决策事件的状态为事件序列建模。在混合因果逻辑分析方法中，事件流使得可视化危险或事故的因果因素的内在逻辑、依赖性和时间序列成为可能，从而使系统的不同发展状态的原因能够被直观地分析。由于一些事件流事件(例如结构事故)可以更进一步地分解为一组物理元素及其逻辑组合(例如 OR, AND, NOT 等)，所以故障树被设计用来创建这类结构失效事件的更详细的模型从而进行更为细致的定量分析。贝叶斯网络层是混合因果逻辑分析方法的底层，用于模拟因果关系不明显或具有不确定性因素的事件，如受环境影响的事件或人因因素事件等。

在图 5.3.1 中，贝叶斯网络节点既可以链接到顶层事件流中的任何初始或中间事件，也可以链接到故障树中的任何基本事件。上述基于混合因果逻辑分析方法的三层逻辑结构为复杂系统建模提供了一种实用而周到的方法，可以在描述系统可能发生的事件序列的同时，进一步详细分析某一个具体事件的具体影响因素，并充分考虑不确定性因素的影响。混合因果逻辑算法是混合因果逻辑分析方法的组成部分，驱动混合因果逻辑模型的量化计算。混合因果逻辑算法所需的数据可以是事件或节点的点估计或概率分布。在混合因果逻辑算法中，通过将事件流的静态二元决策图和故障树的动态二元决策图转化为降阶二元决策图(Reduced Ordered Binary Decision Diagram, ROBDD)，从而将事件流和故障树的数据统一。与自上而下的建模过程相比，混合因果逻辑的计算过程是自下而上的，将 ROBDD 的概率分布结果与贝叶斯网络中节点的计算结果联系起来。通过确定必要的参数和状态集(如故障树中基本事件的失效概率和贝叶斯网络的条件概率表)，可以计算出混合因果逻辑模型的所有状态和细节，然后利用基于混合因果逻辑的风险管理度量函数进行风险分析和决策建议。

需要注意的是，由于混合因果逻辑模型中的贝叶斯网络包含如此多的因果因素，并且可能影响整个模型，所以在混合因果逻辑分析方法中贝叶斯网络不再能够转换成二进制决策图。

5.3.1.2　混合因果逻辑分析方法的特征

混合因果逻辑算法不仅计算风险场景中每个结束状态的割集和这些事件发生的概率，而且还可以对情景风险最有影响的因素(即重要性度量)以及随着时间的推移风险和性能指标进行定量分析。这些功能使混合因果逻辑分析方法成为一个决策支持方法,而不仅仅是一个风险分析工具。

(1) 重要性度量

在大多数情况下,风险分析的主要目的是找出研究者关心的最终状态或对整个风险情景影响最大的因素。在混合因果逻辑分析方法中,系统危害的各种重要度量和元素的影响都可以定量地确定。基于混合因果逻辑的重要性测度分为诊断重要度、边际重要度、风险增长值和风险降低值四种形式来分析事件的不同方面,这四种重要性测度指标在其他风险量化分析技术中也有广泛的应用。

(2) 前兆分析和危害排名

在混合因果逻辑模型中,事件流、故障树或贝叶斯网络中的任何事件都可以被视为风险的前兆。例如,大坝服役过程中的"人为决策错误"事件是"大坝失效事故"这一不希望的最终状态的前兆。混合因果逻辑分析应该能够发现这些前兆和最终状态之间的关系,以及如何避免意外,即使这些前兆事件已发生。这些问题可以通过获得割集和计算给定某些前兆事件发生的结束态的条件概率来回答。

5.3.2 流域梯级坝群失效概率混合因果逻辑分析模型的构建

混合因果逻辑分析方法中事件流分析的方法不同于传统的事后分析。事件流及其相关的故障树和贝叶斯网络在非常详细的级别上定量评估了各种因果关系对特定事件的影响。本节以一个由三座单元大坝串联组成的流域梯级坝群为对象,进行混合因果逻辑建模。首先确定所有可能的风险事件序列的风险影响因素和因果关系,并与相关的中间事件形成风险事件流,因流域梯级坝群系统中单元大坝子系统存在受水流方向影响的逻辑性,因而在构建底层事件流模型时参照相应逻辑顺序进行构建;再利用混合场景的故障树对流域梯级坝群系统中单坝子系统进行剖析,建立与大坝结构事故相关的故障树模型;运用贝叶斯网络对人因风险等其他不确定性因素影响的事件进行更细致的模拟;在贝叶斯网络中分配相关事件的发生概率,以及在条件概率网络中分配相关事件的发生概率;最终计算相应的失效概率结果。

5.3.2.1 基于逻辑顺序的流域梯级坝群服役事件流模型

图 5.3.2 表示了流域梯级坝群服役时,风险状态的改变过程:受环境荷载影

响，大坝自身工程风险状态会改变，形成新的工程风险，与人因风险一起作用于第一座大坝，形成新的大坝风险并传递至下游大坝，再与下游大坝的工程风险、人因风险传递叠加形成新的风险，再继续往下游传递。

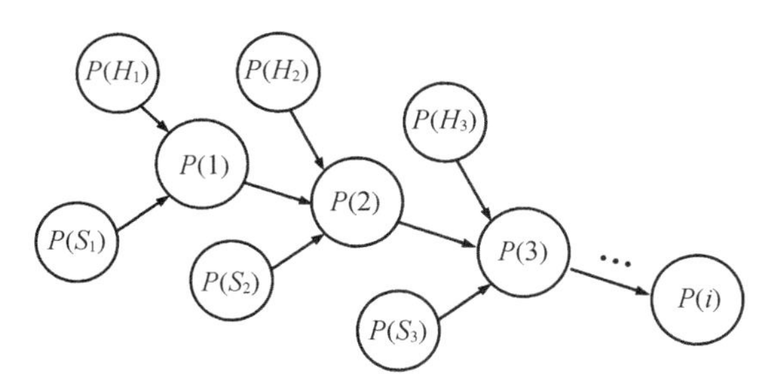

图 5.3.2　流域梯级坝群服役的风险状态

图 5.3.2 中，$P(i)$为流域梯级坝群系统中从上游往下第 i 个大坝的风险；$P(S_i)$为流域梯级坝群系统中从上游往下第 i 个大坝的受环境荷载影响的自身工程风险；$P(H_i)$为流域梯级坝群系统中从上游往下第 i 个大坝的人因风险。

混合因果逻辑分析的第 1 步是通过定义风险影响因素（RIF）和中间事件间的因果关系来构建风险事件流。根据上述分析，可以得到图 5.3.3 的风险事件流模型，模型中绘出了由启动事件（如洪水、地震等外部环境风险因素）引起的流域梯级坝群系统服役的风险事件序列，这是所有可能的事故场景的图形表示。表 5.3.1 列出了事件的名称和相关描述。

表 5.3.1　流域梯级坝群服役事件流模型中各事件的名称及描述

节点编号	节点名称	节点描述
IE	初始事件	受环境风险因素影响发生地震、超标洪水等风险事件
PE1	大坝 D_1 失效	位于流域梯级坝群上游首座大坝发生风险事故导致失效
PE2	人因失误	因人因失误未能及时对下游大坝采取预警等相关措施，从而造成潜在风险
PE3	大坝 D_2 失效	位于流域梯级坝群中部第二座大坝发生风险事故导致失效
PE4	人因失误	因人因失误未能及时对下游大坝采取预警等相关措施，从而造成潜在风险
PE5	大坝 D_3 失效	位于流域梯级坝群下游第三座大坝发生风险事故导致失效

续表

节点编号	节点名称	节点描述
E1	结束状态 1	发生重大人因失误，未能及时预警、管理，流域梯级坝群中三座大坝皆发生失效事故
E2	结束状态 2	发生重大人因失误，未能及时预警、管理，流域梯级坝群中 D_1、D_2 大坝发生失效事故
E3	结束状态 3	发生人因失误，未能及时预警、管理，流域梯级坝群中三座大坝皆发生失效事故
E4	结束状态 4	发生人因失误，未能及时预警、管理，流域梯级坝群中 D_1、D_2 大坝发生失效事故
E5	结束状态 5	发生人因失误，未能及时预警、管理，流域梯级坝群中 D_1、D_3 大坝发生失效事故
E6	结束状态 6	发生人因失误，未能及时预警、管理，流域梯级坝群中 D_1 大坝发生失效事故
E7	结束状态 7	发生人因失误，未能及时预警、管理，流域梯级坝群中三座大坝皆发生失效事故
E8	结束状态 8	发生人因失误，未能及时预警、管理，流域梯级坝群中 D_1、D_2 大坝发生失效事故
E9	结束状态 9	未发生人因失误，流域梯级坝群系统中三座大坝皆发生失效事故
E10	结束状态 10	未发生人因失误，流域梯级坝群系统中 D_1、D_2 大坝发生失效事故
E11	结束状态 11	未发生人因失误，流域梯级坝群中 D_1、D_3 大坝发生失效事故
E12	结束状态 12	未发生人因失误，流域梯级坝群中 D_1 大坝发生失效故障
E13	结束状态 13	发生人因失误，未能及时预警、管理，流域梯级坝群系统中 D_2、D_3 大坝发生失效事故
E14	结束状态 14	发生人因失误，未能及时预警、管理，流域梯级坝群中 D_2 大坝发生失效事故
E15	结束状态 15	未发生人因失误，流域梯级坝群中 D_2、D_3 大坝发生失效事故
E16	结束状态 16	未发生人因失误，流域梯级坝群中 D_2 大坝发生失效事故
E17	结束状态 17	未发生人因失误，流域梯级坝群中 D_3 大坝发生失效事故
E18	结束状态 18	流域梯级坝群系统安全，未发生失效事故

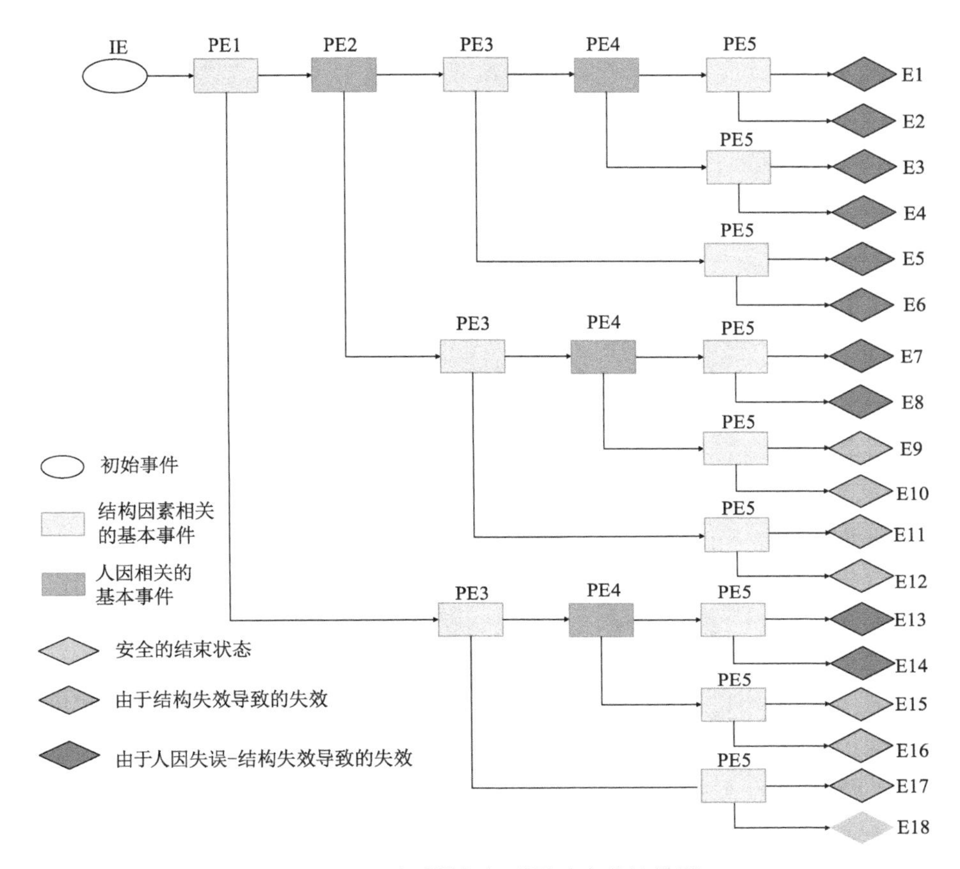

图 5.3.3　流域梯级坝群风险事件流模型

5.3.2.2　单元大坝结构失效风险的故障树模型

在第 2 步中，风险事件流模型中与结构可靠性相关的中间事件（PE 1/3/5）被进一步剖析为相关的故障树模型。这些事件包括流域梯级坝群中首座大坝失效（PE 1），流域梯级坝群中次级大坝失效（PE 3/5）。

图 5.3.4 为流域梯级坝群中单元大坝失效的故障树模型（具体坝型可对节点信息进行调整），该故障树模型考虑了上游大坝失效引起的事故，故图 5.3.4 即为事件流模型中与 PE 3/5 相连的流域梯级坝群中次级大坝失效的故障树模型，将故障树模型中“上游大坝失效”事件剔除后，即可得到事件流模型中与 PE 1 相连的流域梯级坝群中首座大坝失效的故障树模型。

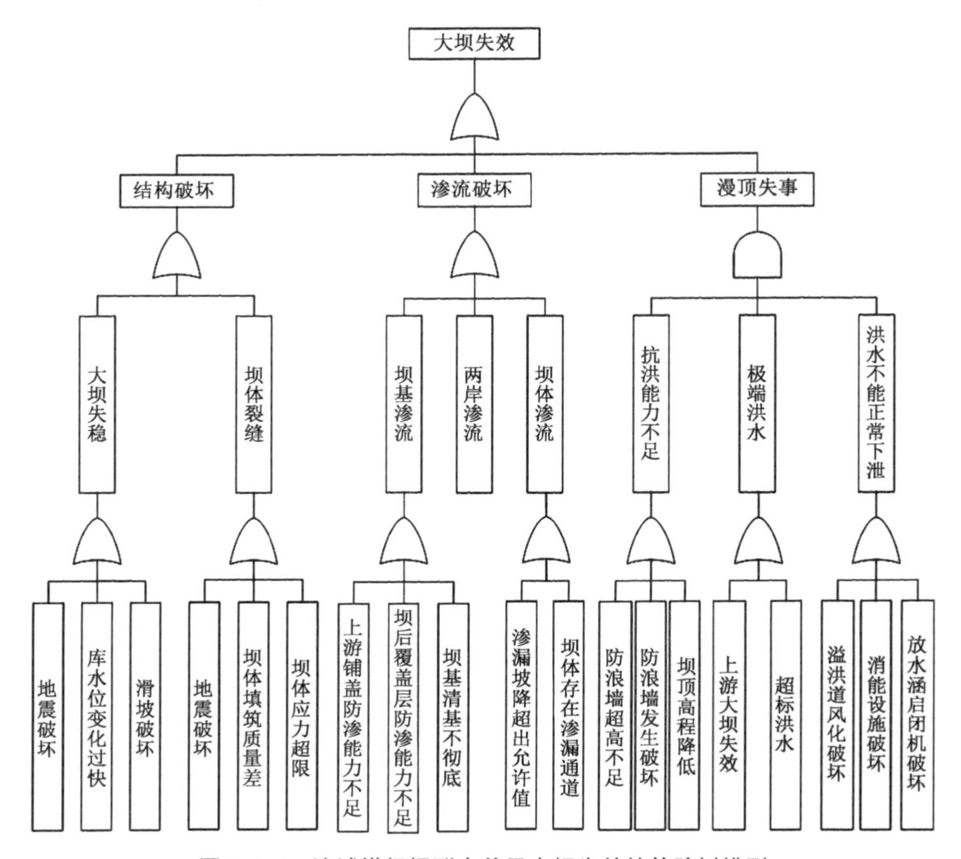

图 5.3.4 流域梯级坝群中单元大坝失效的故障树模型

因大坝失效模式中，除了受结构内部因素影响，还会受到其他不确定性因素影响，因此建立的故障树模型不是传统的确定性模型，而是混合场景的故障树模型。图 5.3.4 中故障树模型的底层事件仅从大坝结构角度进行了部分整理分析，这些与结构故障相关节点的概率，可通过本章 5.2 节的内容进行求解得到。此外，仍存在人因失误等不确定因素未被考虑，这些模型中不确定性节点的概率可以通过与贝叶斯模型相连进行量化计算得到。

在 5.2 节中，基于可靠度的失效概率估算方法考虑了实际大坝服役时的随机性因素，却忽略了模糊性因素。因此可以将模糊理论引入到可靠度分析中，建立大坝模糊可靠度模型，再运用 5.2 节中提出的求解方法进行求解，使得得到的故障树模型中相关节点的失效概率更为准确。

以下为大坝模糊可靠度模型的建模过程。

在模糊集合论中，模糊事件是基本事件空间上的模糊集合。如果基本事件是离散的，则其基本事件空间为 $X=\{x_1, x_2, \cdots, x_i, \cdots\}$，那么这些基本事件的概率为 $p(x_i)$ $(i=1, 2, \cdots)$，事件 x_i 隶属于模糊事件 A 的隶属函数为 $\mu_A(x_i)$，则模糊事件 A 的概率为其隶属函数的期望值，即：

$$p(A)=\sum_i \mu_A(x_i)p(x_i) \tag{5.3.1}$$

若基本事件是连续的，则得出的概率为

$$p(A)=\int_{-\infty}^{\infty}\mu_A(x)p(x)\mathrm{d}x \tag{5.3.2}$$

由于结构从安全到破坏的过程难以用明确的界限来划分，具有模糊性。因此，大坝整体或局部结构的破坏是一个模糊事件。

结构从安全状态到破坏状态的极限状态，一般可以用该结构的抗力 R 和其受到的荷载效应 S 之间的关系来表征。故结构此时的状态可概括为

$$Z=R-S \tag{5.3.3}$$

式中：Z 为结构的状态函数。当 $Z>0$ 时，表示此时结构处于安全状态；当 $Z=0$ 时，表示此时结构处于极限状态；当 $Z<0$ 时，表示此时结构处于破坏状态。

$Z=R-S$ 称为极限状态方程，表征了结构从安全到破坏的判断界，从而将原来结构破坏临界界限（$Z=R-S=0$），即单一的结构破坏状态转化成具有随机取值性质的实数论域上的一个模糊破坏区 M，即建立结构破坏集合，集合中的每一个元素都对应一种结构破坏状态，但各个元素隶属于结构破坏的程度互不相同。荷载效应 S 和结构抗力 R 的取值范围分别为

$$(S-d_S, S+d_S); \quad (R-d_R, R+d_R) \tag{5.3.4}$$

式中：d_R 为结构抗力容差的最大值；d_S 为结构荷载效应容差的最大值；$R-d_R$ 为结构抗力减小，即限制结构抗力条件，实际上是提高安全要求；$R+d_R$ 为结构抗力增加，即放宽结构抗力条件，实际上是降低安全要求；$S-d_S$ 为荷载效应减小，即限制荷载效应要求，实际上是提高安全要求；$S+d_S$ 为荷载效应增加，即放宽荷载效应条件，实际上是降低安全要求。

根据 R 和 S 的取值，可以建立 6 种模糊集合，如表 5.3.2 所示。

表 5.3.2　结构极限状态模糊集合

模糊集合	1	2	3	4	5	6
参数取值	R 增大 S 增大	R 减小 S 减小	R 增大 S 减小 $d_S > d_R$	R 增大 S 减小 $d_S < d_R$	R 减小 S 增大 $d_S > d_R$	R 减小 S 增大 $d_S < d_R$

以上提到的安全要求是针对所采用的破坏准则而言的。考虑到模糊破坏区域时，相应地选择为 R 和 S 增加。结构状态函数 $Z = R - S$ 所对应的模糊集合为

$$M = \{Z \mid Z \in R^n, -d_R \leqslant Z \leqslant d_S\} \tag{5.3.5}$$

隶属函数 $\mu(x)$ 的形式很多，如三角函数形式、梯形形式、指数形式等。结合大坝服役特点，采用半梯形形式来表示结构状态函数从安全区经模糊区到破坏区的过程。半梯形的隶属函数的数学表达式为

$$\mu(Z) = \begin{cases} 1, & Z \leqslant -d_R \\ \dfrac{-Z + d_S}{d_R + d_S}, & -d_R < Z \leqslant d_S \\ 0, & d_S \leqslant Z \end{cases} \tag{5.3.6}$$

式中：$d_R + d_S$ 为破坏容差，表示结构由安全到破坏的中间区域是一个模糊区。

在模糊数学理论中，隶属函数 $\mu(Z)$ 的大小反映了结构状态函数 Z 隶属于结构破坏这一模糊事件的程度，是对其模糊概念的客观性的一种度量。当 $\mu(Z) = 0$，结构开始破坏；当 $\mu(Z)$ 趋向 1 时，结构逐渐趋向完全破坏。一般来说，临界状态 $(Z = R - S = 0)$ 时，模糊不确定性最大，其隶属函数 $\mu(Z)$ 的值取决于 d_R 和 d_S。

综合式(5.2.2)和式(5.2.5)，可得到考虑模糊性的结构失效概率 P_f 为

$$\beta = \Phi^{-1}(1 - P_f) \tag{5.3.7}$$

$$P_f = \int_{-\infty}^{\infty} \mu(x) P(x) \mathrm{d}x \tag{5.3.8}$$

式中：β 为可靠性指标；Φ^{-1} 为标准正态分布反函数。

5.3.2.3　不确定性风险的贝叶斯网络模型

第 3 步，使用贝叶斯网络对人因失误等不确定性风险事件进行建模，每个中

间事件节点(PE节点)及其影响因子(Impact Factor, IF)节点组成了相关的贝叶斯网络。下面以与PE 2/4节点相连的人因失误事件为例进行建模分析。

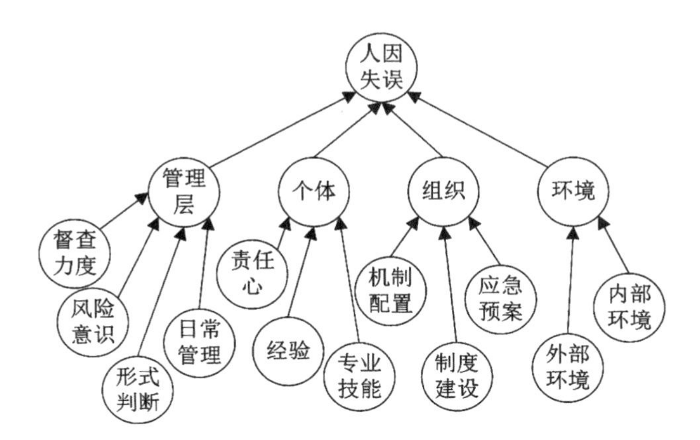

图5.3.5 与PE 2/4相连的人因失误的贝叶斯网络模型

运用混合因果逻辑分析模型对流域梯级坝群失效概率进行估算的最后,是为流域梯级坝群事件流模型中未分解的中间事件、单座大坝故障树模型中的基本事件和不确定因素的贝叶斯模型中的条件概率进行概率赋值。这些概率值的来源包括可靠度计算结果、历史数据、相关文献和专家判断,包括《水库大坝风险评估导则(征求意见稿)》、《水库大坝风险等级划分与评估导则(征求意见稿)》等。与事件流和故障树的概率赋值相比,贝叶斯网络的条件概率表的确定更具挑战性,通常会使用不确定性分析方法进行合理的建模并求解。

5.4 流域梯级坝群失效概率实测资料估算方法

传统基于可靠度的大坝失效概率计算方法,由于需要考虑多风险因素耦合作用的影响,导致功能函数非线性程度高,且所包含的不确定影响因素的个数较多,进而影响了估算失效概率的质量。而流域梯级坝群中各座大坝实测资料是该坝所受风险因素与风险状态的综合反映,结合各座大坝实测资料进行失效概率估算研究,为探究流域梯级坝群失效概率估算方法提供了新的思路。

5.4.1 实测资料效应量的失效概率估算模型

大坝风险因素通常包括结构内在变形、渗流、坝龄、工程质量、外部库容、隐患、洪水、地震及人因等。大坝实测监测数据能够直观反映其结构运行状态，是该坝所受风险因素与风险状态的综合反映。故首先结合变形、渗流和应力应变等监测效应量进行进一步探究。

下面以混凝土坝变形效应量为例进行分析，混凝土坝的变形效应量受到水压力、扬压力、泥沙压力和温度等多种荷载影响，其变形监控模型的荷载集（即因子）主要由水压、温度和时效分量构成，即：

$$\delta = \delta_H + \delta_T + \delta_t + \delta_0 + e \tag{5.4.1}$$

式中：δ 为大坝某监测点在某时刻的位移估计值；δ_H、δ_T、δ_t 分别为位移的水压、温度和时效分量；δ_0 为常数项；e 为残差项。

（1）水压分量

库水压力的作用引起的大坝变形与水头的多项式呈正比，一般用幂多项式表示，即：

$$\delta_H = \sum_{i=1}^{n} a_i H^i \tag{5.4.2}$$

式中：a_i 为回归系数；H 为上游水深；n 为水头最高方次，如重力坝取 3，拱坝和连拱坝取 4 或 5。

（2）温度分量

温度分量是由坝体混凝土和基岩温度变化引起的变形，当坝体和基岩布设足够数量的内部温度计时，其测值可以反映温度场，选用温度计的测值作为因子：

$$\delta_T = \sum_{i}^{m} b_i T_i \tag{5.4.3}$$

式中：b_i 为回归系数；m 为温度计支数；T 为温度计测值。

当坝体和基岩没有布设温度计或只布设了极少量的温度计，只有气温资料时，常选用多周期谐波作为温度因子：

$$\delta_T = \sum_{i=1}^{2} \left(b_{i1} \sin \frac{2\pi i t}{365} + b_{i2} \cos \frac{2\pi i t}{365} \right) \tag{5.4.4}$$

式中：b_i 为回归系数；t 为累计天数。

（3）时效分量

时效分量能够综合反映坝体混凝土和基岩徐变、塑性变形以及基岩地质构造的压缩变形，同时还包括坝体裂缝引起的不可逆变形以及自生体积变形，一般采用对数函数和多项式形式：

$$\delta_t = c_1\theta + c_2\ln\theta \tag{5.4.5}$$

式中：c_1、c_2 为回归系数；θ 为累计天数 t 除以 100(每天增加 0.01)。

因此，通常情况下，混凝土坝的位移统计模型有如下形式：

$$\delta = \sum_{i=1}^{n} a_i H^i + \sum_{i}^{m} b_i T_i + c_1\theta + c_2\ln\theta + \delta_0 + e \tag{5.4.6}$$

$$\delta = \sum_{i=1}^{n} a_i H^i + \sum_{i=1}^{2}\left(b_{1i}\sin\frac{2\pi it}{365} + b_{2i}\cos\frac{2\pi it}{365}\right) + c_1\theta + c_2\ln\theta + \delta_0 + e \tag{5.4.7}$$

影响大坝服役安全的主要因素有变形、渗流、稳定和强度等，变形、渗流和应力应变等的实际监测资料是对所有可能影响大坝服役安全的风险因素的综合反映。由上述分析可知，大坝实测监测资料不单单包含了大坝自身结构信息，还蕴含了环境荷载风险与人因风险的影响。因此，大坝失效概率计算可以从变形、渗流等实测资料入手，拟定大坝发生变形破坏、渗流破坏等破坏模式时的失效临界指标，再进一步计算其失效概率。

假设大坝结构抗力为 R，荷载效应为 S，R 与 S 都是随机变量，且 R 与 S 相互独立，则大坝安全准则可表示为

$$Z = g(R,\ S) = R - S \geqslant 0 \tag{5.4.8}$$

一般情况下，若 R 为大坝结构抗力的极限值，则满足式(5.4.8)的荷载所对应的监测效应量是极值；若 R 为大坝结构抗力的设计允许值，则满足式(5.4.8)的荷载所对应的监测效应量是失效临界指标值。故当大坝监测实测效应量逼近或超过大坝效应量的失效临界指标，此时大坝处于失效状态。那么，大坝监测效应量 x_i 的失效概率可以用实测效应量与大坝效应量失效临界指标的逼近程度 R 来反映。

$$R_i = 1 - \frac{x_{\mathrm{limit}}^i - x_i}{x_{\mathrm{limit}}^i} = \frac{x_i}{x_{\mathrm{limit}}^i} \tag{5.4.9}$$

式中：R_i 为大坝第 i 个测点某种效应量与大坝效应量失效临界指标的逼近程

度；x_i 为大坝第 i 个测点某种效应量的测值；x^i_{limit} 为大坝第 i 个测点某种效应量的失效临界指标值。

则大坝第 i 测点效应量 x_i 的失效概率为：

$$P^i_f = R_i \times P^i_{f_{\mathrm{limit}}} = (x_i / x^i_{\mathrm{limit}}) \times P^i_{f_{\mathrm{limit}}} \tag{5.4.10}$$

式中：P^i_f 为大坝第 i 个测点某种效应量的失效概率；$P^i_{f_{\mathrm{limit}}}$ 为大坝第 i 个测点某种效应量失效的临界概率。

由式(5.4.10)可知，在监测数据完备的情况下，需要知道 x^i_{limit} 与 $P_{f_{\mathrm{limit}}}$ 才能对大坝的失效概率进行计算。通常失效的临界概率 $P_{f_{\mathrm{limit}}}$ 可以通过查找相关设计规范得到。那么要想求得大坝的失效概率，重点在于对失效临界指标值 x^i_{limit} 的求解，需要进行进一步研究。

5.4.2 实测效应值的失效临界指标

根据大坝安全监控理论[214]，所要求的失效临界指标值实际上是一种极端的安全监控指标。典型小概率法是目前常用的一种大坝安全监控指标拟定方法，其原理为根据大坝的实际监测资料，选择实测资料中出现不利荷载组合时段的典型监测效应量 X_{mi}，由此可以得到一个由 n 个典型监测效应量 X_{mi} 组成的样本：

$$X = \{X_{m1}, X_{m2}, \cdots, X_{mn}\} \tag{5.4.11}$$

计算样本空间 X 的数字统计特征值：

$$\bar{X} = \frac{1}{n}\sum_{i=1}^{n} X_{mi} \tag{5.4.12}$$

$$\sigma_E = \sqrt{\frac{1}{n-1}\left(\sum_{i=1}^{n} X^2_{mi} - n\bar{X}^2\right)} \tag{5.4.13}$$

对样本空间 X 运用小子样统计验算方法(如 A-D 法、K-S 法等)进行分布验算，确定其概率密度函数 $f(X)$ 的分布函数 $F(X)$。在坝工领域中，以正态分布和对数正态分布居多，也存在极值 I 型分布等分布类型。

令 X_m 为监测效应量的极值，当 $X > X_m$ 时，则表明该测点处于异常，相应大坝可能将要出现我们所不希望的风险状况，故该测点出现风险的概率为

$$P(X > X_m) = P_\alpha = \int_{X_m}^{\infty} f(X)\mathrm{d}X \tag{5.4.14}$$

求出 X_m 的分布后，根据分布函数 $F(X)$ 和式(5.4.15)可以直接求出不同风险出现概率所对应的监控指标：

$$X_m = F^{-1}(\bar{X}, \sigma_X, \alpha) \tag{5.4.15}$$

但在实际中，大坝各效应量会受到一些随机变量的影响，而导致小子样统计检验不通过，将其作为噪声数据进行剔除再进行检验显然是不合理的，因此下面结合最大熵理论，将最大熵分布分别作为大坝监测效应量的分布，对大坝效应量实测值的失效临界指标拟定方法进行探究。

5.4.2.1　基于最大熵法的失效临界指标求解

香农(Shannon)在创立信息论时，为研究信息的不确定性引入了信息熵的概念：

$$H(x) = -\sum_{i=1}^{n} p_i \ln p_i \tag{5.4.16}$$

式中：p_i 是信息源中信号 x_i 出现的概率；$\ln p_i$ 是其所具有的信息量；$H(x)$ 表征了信息量的大小，是一个系统状态不确定性的量度。

若随机变量是连续的，熵由式(5.4.17)定义：

$$H(x) = -\int_R f(x)\ln f(x)\mathrm{d}x \tag{5.4.17}$$

式中：$f(x)$ 是连续型随机变量 x 的分布密度函数。

由式(5.4.17)可知，给定条件下，在所有可能的概率分布中，存在一个使得信息熵取得极大值的分布。在根据部分信息进行推理时，必须选择熵最大的概率分布，该概率分布包含的主观成分最少，因而是最客观的。这就是最大熵原理。

故最小偏差的概率分布是使熵 $H(x)$ 在根据已知样本数据信息的一些约束条件下达到最大值的分布，即：

$$\max H(x) = -\int_R f(x)\ln f(x)\mathrm{d}x \tag{5.4.18}$$

约束条件：

$$\int_R f(x)\mathrm{d}x = 1 \tag{5.4.19}$$

$$\int_R x^i f(x)\mathrm{d}x = \mu_i \quad (i=1,\ 2,\ \cdots,\ N) \tag{5.4.20}$$

式中：R 为积分空间；$\mu_i(i=1,\ 2,\ \cdots,\ N)$ 为第 i 阶原点矩，可由计算样本得到；N 为所用矩的阶数。

本节运用拉格朗日乘子法，通过调整概率密度函数 $f(x)$ 来使熵 $H(x)$ 达到最大值。根据相关理论，可建立如下拉格朗日函数：

$$L = H(x) + (\lambda_0 + 1)\left[\int_R f(x)\mathrm{d}x - 1\right] + \sum_{i=1}^{N}\lambda_i\left[\int_R x^i f(x)\mathrm{d}x - \mu_i\right] \tag{5.4.21}$$

令 $\partial L/\partial f(x) = 0$，有

$$-\int_R [\ln f(x) + 1]\,\mathrm{d}x + (\lambda_0 + 1)\int_R \mathrm{d}x + \sum_{i=1}^{N}\lambda_i\int_R x^i\,\mathrm{d}x = 0 \tag{5.4.22}$$

可解得

$$f(x) = \exp\left(\lambda_0 + \sum_{i=1}^{N}\lambda_i x^i\right) \tag{5.4.23}$$

式(5.4.23)就是基于最大熵理论的概率密度函数。

将式(5.4.23)代入式(5.4.19)可得

$$\int_R \exp\left(\lambda_0 + \sum_{i=1}^{N}\lambda_i x^i\right)\mathrm{d}x = 1 \tag{5.4.24}$$

整理后得

$$\exp(-\lambda_0) = \int_R \exp\left(\sum_{i=1}^{N}\lambda_i x^i\right)\mathrm{d}x \tag{5.4.25}$$

$$\lambda_0 = -\ln\left[\int_R \exp\left(\sum_{i=1}^{N}\lambda_i x^i\right)\mathrm{d}x\right] \tag{5.4.26}$$

将式(5.4.23)和式(5.4.26)代入式(5.4.20)得

$$\int_R x^i f(x)\mathrm{d}x = \int_R x^i \exp\left(\lambda_0 + \sum_{j=1}^{N}\lambda_j x^j\right)\mathrm{d}x = \frac{\int_R x^i \exp\left(\sum_{j=1}^{N}\lambda_j x^j\right)\mathrm{d}x}{\int_R \exp\left(\sum_{j=1}^{N}\lambda_j x^j\right)\mathrm{d}x} = \mu_i \tag{5.4.27}$$

为便于数值求解，可将其改写为

$$1-\frac{\int_R x^i \exp\left(\sum_{j=1}^{N}\lambda_j x^j\right)\mathrm{d}x}{\mu_i\int_R \exp\left(\sum_{j=1}^{N}\lambda_j x^j\right)\mathrm{d}x}=r_i \tag{5.4.28}$$

式中：r_i 为残差，可用数值计算方法使其接近于 0。

用非线性规划求下式表示的这些残差平方和的最小值：$r=\sum_{i=1}^{N} r_i^2 \rightarrow \min$。当 $r<\varepsilon$ 或所有 $|r_i|<\varepsilon$ 时，即认为该式收敛，从而解出拉格朗日系数 $\lambda_i(i=1, 2, \cdots, n)$。

由上述方法可以确定出随机变量 x 的最大熵密度函数 $f(x)$。令 x_{limit} 为监测效应量的失效临界值，当 $x>x_{\text{limit}}$ 时，大坝将要发生失效，其概率为

$$P(x>x_{\text{limit}})=P_\alpha=\int_{x_{\text{limit}}}^{\infty} f(x)\mathrm{d}x \tag{5.4.29}$$

考虑效应量为矢量，对式(5.4.29)进一步调整得到

$$P_\alpha=\begin{cases}P(x>x_{\text{limit}})=\int_{x_{\text{limit}}}^{\infty} f(x)\mathrm{d}x\\ P(x<x_{\text{limit}})=\int_{-\infty}^{x_{\text{limit}}} f(x)\mathrm{d}x\end{cases} \tag{5.4.30}$$

求出 x 的最大熵密度函数 $f(x)$ 后，估计 x_{limit} 的主要问题是确定失效概率 P_α，其值可参照相关设计准则所允许的失效概率确定。

$$x_{\text{limit}}=F^{-1}(x, \alpha) \tag{5.4.31}$$

5.4.2.2　失效概率标准

在《工程结构可靠性设计统一标准》(GB 50153—2008)[215]中，根据结构破坏可能产生后果的严重性，将工程结构的安全等级分成三种，如表 5.4.1 所示。

表 5.4.1　工程结构安全等级

安全等级	一级	二级	三级
破坏后果	很严重	严重	不严重

《水利水电工程结构可靠性设计统一标准》(GB 50199—2013)[216]中指出，

水工建筑物结构安全级别的划分应符合表5.4.2的规定，并给出水工结构构件承载能力极限状态持久设计状况的最低目标可靠指标β_t。

表5.4.2　各级水工建筑物不同破坏类型下最低目标可靠指标

结构安全等级		Ⅰ级	Ⅱ级	Ⅲ级
级别		1级	2、3级	4、5级
破坏类型	第一类破坏	3.7	3.2	2.7
	第二类破坏	4.2	3.7	3.2

《水利水电工程结构可靠性设计统一标准》(GB 50199—2013)仅给出部分可靠指标β相对应的失效概率P_f，故结合5.2节研究内容对可靠指标与失效概率的转换进行计算，则可靠指标与失效概率存在如表5.4.3所示的对应关系。

表5.4.3　可靠指标β与失效概率P_f的对照表

β	P_f	β	P_f	β	P_f
1.0	1.59×10^{-1}	2.7	3.47×10^{-3}	3.71	1.04×10^{-4}
1.5	6.68×10^{-2}	3.0	1.35×10^{-3}	4.0	3.17×10^{-5}
1.64	5.05×10^{-2}	3.2	6.87×10^{-4}	4.2	1.33×10^{-5}
2.0	2.27×10^{-2}	3.5	2.33×10^{-4}	4.5	3.40×10^{-6}
2.5	6.21×10^{-3}	3.7	1.08×10^{-4}		

表5.4.3中计算出的失效概率P_f与《水利水电工程结构可靠性设计统一标准》(GB 50199—2013)中根据可靠指标β所给出的失效概率P_f相符，故计算结果是有效的。

5.4.3　基于实测资料的大坝失效概率估算方法

根据前两小节中关于发生各效应失效的概率估算成果，需要综合考虑各效应量之间关系以及流域梯级坝群内结构组成，从而实现对流域梯级坝群失效概率的估算。

5.4.3.1　各效应失效的概率

下面重点以变形为例，研究大坝发生变形破坏的失效概率。若大坝某变形测点j的最大测值δ_j，在一段时间内大于变形失效临界值δ_{limit}，一般可以认为大坝变形异常或失效，则定义第j号变形测点发生变形破坏的失效概率为

$$P_f^j = (\delta_j / \delta_{\text{limit}}^j) \times P_{f_{\text{limit}}}^j \tag{5.4.32}$$

同样地，其他监测项目发生相应效应破坏的失效概率可以通过式(5.4.10)进行类似求解，得到

$$P_f^{ij} = (x_j^i / x_{\text{limit}}^i) \times P_{f_{\text{limit}}}^{ij} \tag{5.4.33}$$

式中：P_f^{ij} 为第 i 种大坝监测项目中第 j 号测点实测效应量的失效概率；x_j^i 为第 i 种大坝监测项目中第 j 号测点实测效应量的极值；x_{limit}^i 为第 i 种大坝监测项目中第 j 号测点实测效应量的失效临界值；$P_{f_{\text{limit}}}^{ij}$ 为第 i 种大坝监测项目中第 j 号测点实测效应量失效的临界概率。

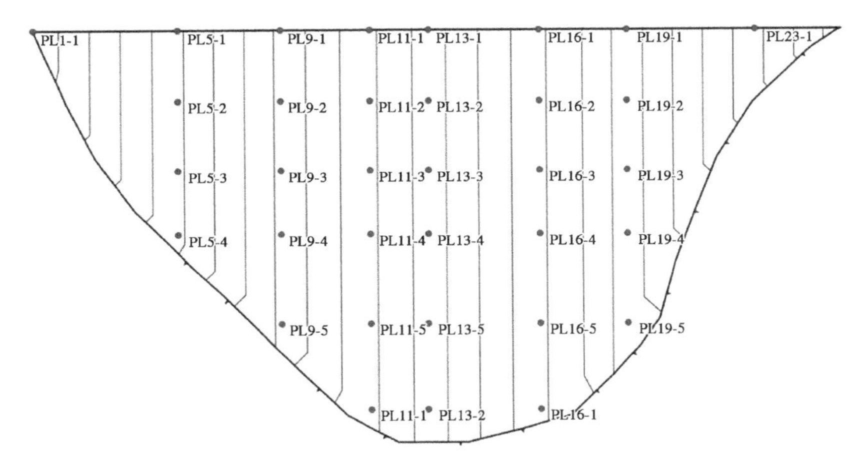

图 5.4.1　大坝垂线监测项目测点布置图

以变形监测为例，图 5.4.1 为某大坝垂线监测项目的测点位置图，垂线监测项目用于监测大坝水平位移量。可以看出各测点间是相互独立的，且大坝各部位的运行可视为串联模式。即某一测点发生变形破坏时，一般就认为该座大坝发生变形失效。

那么大坝变形破坏的失效概率为

$$P_f = P(P_f^1 \cup P_f^2 \cup \cdots \cup P_f^j) = \max(P_f^1,\ P_f^2,\ \cdots,\ P_f^j) \tag{5.4.34}$$

式中：P_f 为大坝变形破坏的失效概率；P_f^j 为第 j 号测点在某时段内实际监测变形破坏的失效概率。

故大坝发生各效应破坏的失效概率为

$$P_f^i = P(P_f^{i1} \cup P_f^{i2} \cup \cdots \cup P_f^{ij}) = \max(P_f^{i1}, P_f^{i2}, \cdots, P_f^{ij}) \tag{5.4.35}$$

式中：P_f^i 为大坝发生第 i 种效应破坏的失效概率；P_f^{ij} 为第 i 种大坝监测项目中第 j 号测点在某时段内实际监测效应破坏的失效概率。

5.4.3.2 大坝整体失效概率

在上一节中，所得失效概率 P_f 只是针对大坝某种观测项目的特定效应模式下的失效而言的。大坝整体的安全受多个监测效应量耦合影响，因此要求解大坝整体的失效概率 P_f 还需要对其作进一步分析。

图 5.4.2 为大坝各项监测项目用于实测性态分析的体系，因为大坝实测资料反映的是大坝受各风险因素耦合作用后的结果状态，是各风险因素的综合反映。因此对大坝失效概率进行分析时，可将各项监测项目间视为相互独立的，不

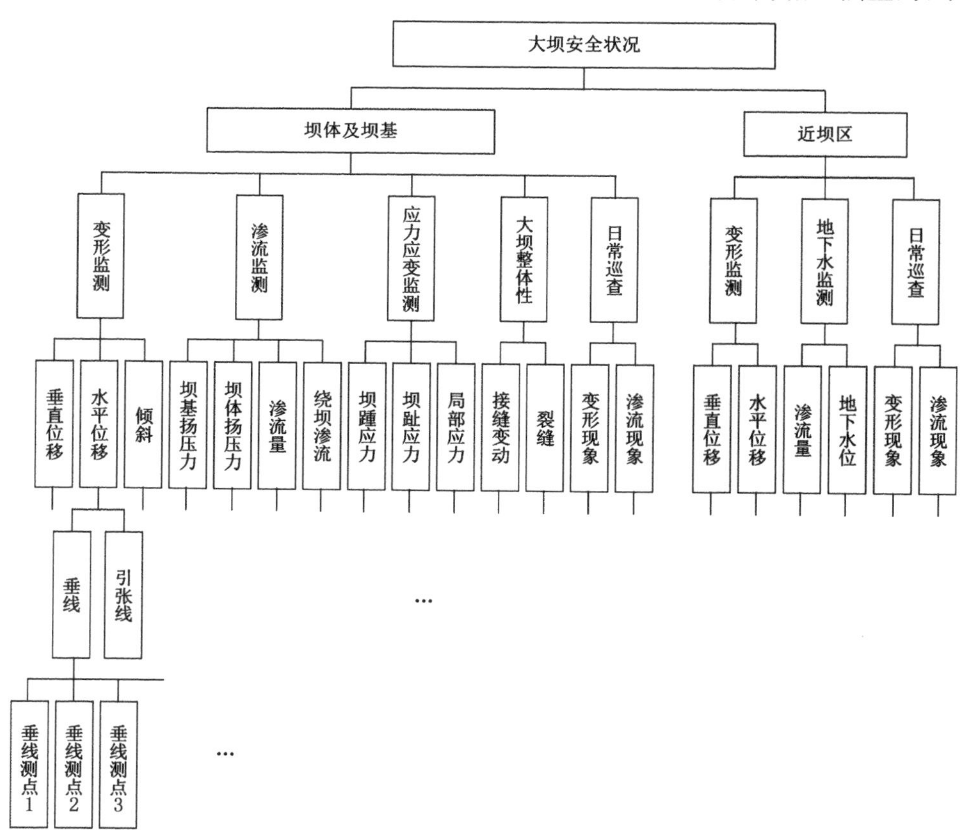

图 5.4.2 大坝实测性态分析体系

用考虑各项监测项目间的相互影响，则大坝各项监测项目中各效应量之间为串联模式。即大坝发生某种效应量失效时，一般就认为该座大坝失事。

因此，大坝整体失效概率为

$$P_f = P(P_f^1 \cup P_f^2 \cup \cdots \cup P_f^i) = \max(P_f^1, P_f^2, \cdots, P_f^i) \quad (5.4.36)$$

式中：P_f 为大坝整体的失效概率；P_f^i 为第 i 种大坝观测项目对应监测效应量的失效概率。

5.4.4　流域梯级坝群整体失效概率的估算

由上一节可知，不同于由可靠度估算失效概率的方法，由实测资料估算得到的大坝失效概率是多种风险耦合后的综合结果，运用该方法对流域梯级坝群中单元大坝失效概率估算的结果，同样已包含系统内部单元大坝间的风险效应。可将各单元大坝的失效概率视为相互独立的，故在利用实测资料估算法进行流域梯级坝群整体失效概率计算时，不用再考虑系统内的风险链式效应，可将流域梯级坝群简化为串并联系统对其整体失效概率进行估算，而系统工程中的“k/N”系统分析模型可以更好地描述系统的整体特性。下面结合“k/N”系统可靠度分析模型，进一步对流域梯级坝群的失效概率进行估算。

5.4.4.1　“k/N”系统分析模型

假设流域梯级坝群系统由 N 座大坝组成，定义第 i 座大坝的状态变量 x_i，当 $x_i=1$ 时，大坝处于正常运行状态；当 $x_i=0$ 时，大坝处于失效故障状态，则整个坝群系统的状态向量为 $\boldsymbol{x}=(x_1, x_2, \cdots, x_N)$。设 $\varphi(\boldsymbol{x})$ 为整个系统的状态函数，当 $\varphi(\boldsymbol{x})=1$ 时，系统处于正常状态；当 $\varphi(\boldsymbol{x})=0$ 时，系统处于失效状态。

可以将 N 座大坝组成的流域梯级坝群系统看作“k/N”系统[217-218]，一般取 N 的 2/3 作为 k 值。由于风险按一定的概率进行估计，而不是一定发生风险，因此，当系统中有 k 座及 k 座以上大坝正常运行时，整个流域梯级坝群系统才能正常运行，即：

$$\varphi(\boldsymbol{x}) = \begin{cases} 1 & \sum_{i=1}^{n} x_i \geq k \\ 0 & \sum_{i=1}^{n} x_i < k \end{cases} \quad (5.4.37)$$

结合式(5.4.37)，当 $k=1$ 时，该流域梯级坝群系统为并联系统，具有以下两个结构特征：

(1) 当且仅当 $\boldsymbol{x}=(x_1, x_2, \cdots, x_N)=(0, 0, \cdots, 0)$ 时，$\varphi_{1/n}(\boldsymbol{x})=0$；

(2) 对于任意的大坝 $x_i=1(1\leqslant i\leqslant n)$，$\varphi_{1/n}(\boldsymbol{x})=1$。

当 $k=N$ 时，该流域梯级坝群系统为串联系统，具有以下两个结构特征：

(1) 当且仅当 $\boldsymbol{x}=(x_1, x_2, \cdots, x_N)=(1, 1, \cdots, 1)$ 时，$\varphi_{n/n}(\boldsymbol{x})=1$；

(2) 对于任意的大坝 $x_i=0(1\leqslant i\leqslant n)$，$\varphi_{n/n}(\boldsymbol{x})=0$。

5.4.4.2 系统失效概率的估算

根据系统可靠度理论[219]，k/N 系统可靠度分析模型常表示为

$$R_{k/N}=\sum_{r=k}^{n} R^r(1-R)^{n-r} \tag{5.4.38}$$

则 k/N 系统的失效概率为

$$P_{k/N}=1-R_{k/N} \tag{5.4.39}$$

该模型考虑最简单的情况，认为结构中所有单元具有共同的可靠度，$R_i=R$ $(i=1, 2, \cdots, n)$，且单元大坝的失效相互独立，显然这种情况过于理想，不能很好适用于流域梯级坝群失效概率的估算，需要进一步研究。

由前两节的研究，已得到单座大坝的失效概率 P_f，故相应的可靠度为

$$R_i=1-P_f^i \tag{5.4.40}$$

式中：R_i 为系统中第 i 座大坝的可靠度，P_f^i 为系统中第 i 座大坝的失效概率。

假设不同单元大坝构成的流域梯级坝群 k/N 系统中，第 i 个单元大坝的安全状态为 x_i，设系统整体的安全状态为 S，则有

$$S=\sum_{1\leqslant j_1<j_2<\cdots<j_k\leqslant N}^{k}\left[\prod_{i=1}^{k} x_{j_i}\right] \tag{5.4.41}$$

式中：$\prod_{i=1}^{k} x_{j_i}$ 表示系统整体的安全状态 S 的每项由 k 个单元大坝的安全状态积构成，j_i 取满足 $1\leqslant j_1<j_2<\cdots<j_k\leqslant N$ 的所有正整数。

那么，流域梯级坝群 k/N 系统的可靠度可表示为

$$R_{k/N}=P(S)=P\left\{\sum_{1\leqslant j_1<j_2<\cdots<j_k\leqslant N}^{k}\left[\prod_{i=1}^{k}x_{j_i}\right]\right\}=\sum_{1\leqslant j_1<j_2<\cdots<j_k\leqslant N}^{k}\left[\prod_{i=1}^{k}R_{j_i}\right] \tag{5.4.42}$$

则流域梯级坝群 k/N 系统的失效概率为

$$P_f^{k/N}=1-R_{k/N}=1-\sum_{1\leqslant j_1<j_2<\cdots<j_k\leqslant N}^{k}\left[\prod_{i=1}^{k}(1-P_f^{j_i})\right] \tag{5.4.43}$$

根据式(5.4.43)，当 $k=N$ 时，流域梯级坝群系统为串联系统，则串联结构的失效概率为

$$P=1-\prod_{i=1}^{n}(1-P_i) \tag{5.4.44}$$

当 $k=1$ 时，流域梯级坝群系统为并联系统，则并联结构的失效概率为

$$P=\prod_{i=1}^{n}P_i \tag{5.4.45}$$

这两种特殊结构的失效概率计算公式与5.2.3节中的相符合，验证了模型的合理性。但是这种分析模型是基于可靠度理论提出的，计算所得到的失效概率为系统中所有可能失效事件发生概率的总和，若直接用式(5.4.43)对流域梯级坝群进行失效概率计算，必会导致计算结果大于系统内单座大坝的失效概率，这显然不符合真实情况。因此，结合前文提出的流域梯级坝群链式失效性，进一步将流域梯级坝群失效概率分为局部链式失效概率与全局失效概率。

部分研究成果表明，k 值取为 N 的2/3，能够较为真实反映复杂系统的可靠性。因此，根据式(5.4.43)，可将流域梯级坝群局部链式失效概率表示为

$$\begin{aligned}P_f^{k/N}&=1-R_{k/N}=1-\sum_{1\leqslant j_1<j_2<\cdots<j_k\leqslant N}^{k}\left[\prod_{i=1}^{k}(1-P_f^{j_i})\right]\quad\left(k=\frac{2}{3}N\right)\\&=1-\sum_{1\leqslant j_1<j_2<\cdots<j_k\leqslant N}^{\frac{2}{3}N}\left[\prod_{i=1}^{\frac{2}{3}N}(1-P_f^{j_i})\right]\end{aligned} \tag{5.4.46}$$

但由于流域梯级坝群在规划设计时，存在控制性工程、龙头水库的概念，即控制性工程发生失效将会导致流域性风险事故。因此，需要对式(5.4.46)进行

进一步完善，得到优化后的流域梯级坝群局部链式失效概率表达式为

$$
\begin{aligned}
P_{f_P} &= P_f^{k/N-n}\prod_{l=1}^{n}(1-P_{f_l}) = (1-R_{k/N-n})\prod_{l=1}^{n}(1-P_{f_l}) \\
&= \left\{1-\sum_{1\leqslant j_1<j_2<\cdots<j_k\leqslant N-n}^{k}\left[\prod_{i=1}^{k}(1-P_f^{j_i})\right]\right\}\prod_{l=1}^{n}(1-P_{f_l}) \\
&= \left\{1-\sum_{1\leqslant j_1<j_2<\cdots<j_k\leqslant N-n}^{\frac{2}{3}(N-n)}\left[\prod_{i=1}^{\frac{2}{3}(N-n)}(1-P_f^{j_i})\right]\right\}\prod_{l=1}^{n}(1-P_{f_l})
\end{aligned}
\tag{5.4.47}
$$

式中：P_{f_P} 表示局部链式失效概率；P_{f_l} 表示第 l 座控制性工程的失效概率；n 表示流域梯级坝群中控制性工程的数量；$k=\dfrac{2}{3}(N-n)$。

相应地，流域梯级坝群全局链式失效概率为

$$
P_{f_A}=\max(P_{f_1}, P_{f_2}, \cdots, P_{f_n}) \tag{5.4.48}
$$

式中：P_{f_A} 为全局链式失效概率；P_{f_i} 为流域梯级坝群中第 i 座控制性工程的失效概率。

5.5 工程实例

5.5.1 工程概况

某河流全长 571 km，流域面积 13.6 万 km^2，河口多年平均流量为 1 860 m^3/s。该流域中干流上规划了 21 个大中型相结合、调节性能良好的梯级水电站。本节选取该河流下游中五座水库大坝组成的流域梯级坝群作为研究对象，进行失效概率估算。该具体地理位置分布如图 5.5.1 所示。

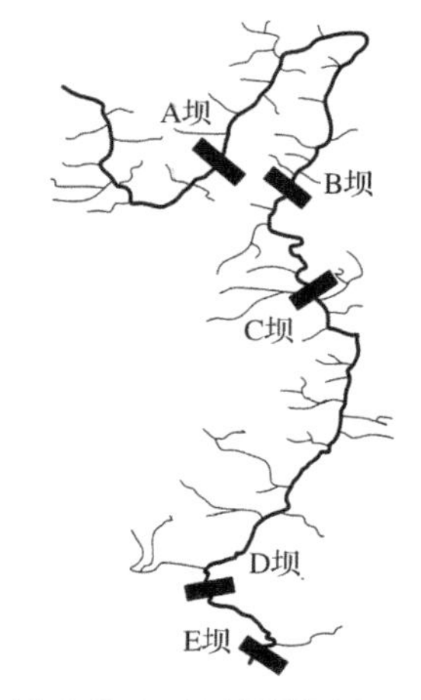

图 5.5.1 流域梯级坝群地理分布示意图

A 坝：于 2013 年竣工，位于该流域干流卡拉至江口河段，为控制性水库梯级电站，坝址以上流域面积 10.3 万 km^2。主要任务是发电，电站装机容量 3 600 MW，多年平均发电量 166.2 亿 kW·h。该电站水库为年调节水库，正常蓄水位 1 880 m，水库总库容 77.6 亿 m^3，调节库容 49.1 亿 m^3。工程等别为一等大(1)型，由拦河大坝、泄洪

建筑物、引水建筑物等组成。拦河大坝为混凝土双曲拱坝，级别为 1 级建筑物，最大坝高 305 m。

B 坝：于 2012 年竣工，位于该流域干流锦屏大河湾上。主要任务为发电，电站装机容量 4 800 MW，多年平均发电量 242.3 亿 kW・h。该电站水库为年调节水库，正常蓄水位 1 640 m，固定库容 905 万 m^3，调节库容 496 万 m^3。工程等别为一等大(1)型，由拦河闸坝、泄洪建筑物、引水建筑物等组成。拦河闸坝主要由泄洪闸和两岸重力坝段组成，级别为 1 级建筑物，全长 165 m，最大闸高 34 m。

C 坝：于 2013 年竣工，位于该流域干流卡拉至江口河段，电站主要任务是发电，电站装机容量 2 400 MW，多年平均发电量 117.67 亿 kW・h。该电站水库为日调节水库，正常蓄水位 1 330 m，水库总库容 7.597 亿 m^3，调节库容 0.284 亿 m^3。工程等别为一等大(1)型，由拦河大坝、泄洪建筑物、引水建筑物等组成。拦河大坝为碾压混凝土重力坝，级别为 1 级建筑物，最大坝高 168 m，坝顶长度 516 m。

D 坝：于 2000 年竣工，位于该流域干流攀枝花段，为控制性水库梯级电站，坝址以上流域面积 11.64 万 km^2。电站以发电为主，电站装机容量 3 300 MW，多年平均发电量 170 亿 kW・h。水库为季调节水库，正常蓄水位为 1 200 m，总库容 58 亿 m^3，调节库容 33.7 亿 m^3。该水电站枢纽工程等别为一等大(1)型，由拦河坝、泄洪建筑物、地下厂房等组成。拦河坝为混凝土抛物线型双曲拱坝，级别为 1 级建筑物，最大坝高 240 m，坝顶弧长 774.69 m。

E 坝：于 2016 年竣工，位于该流域干流攀枝花段，电站以发电为主，电站装机容量 600 MW，多年平均发电量 29.75 亿 kW・h。水库为日调节水库，正常蓄水位为 1 015 m，总库容 0.912 亿 m^3。该水电站枢纽为河床式电站，工程等别为二等大(2)型，由左右岸挡水坝、河床式厂房坝段、7 孔泄洪闸坝段与导流明渠结合的导墙坝段等建筑物组成。拦河坝为混凝土重力坝，级别为 2 级建筑物，最大坝高 69.5 m，坝顶长度 468.7 m。

5.5.2 各座大坝失效概率实测资料估算

根据本书 5.4 节研究成果，结合流域梯级坝群中各座大坝正倒垂实测监测资料，对该流域梯级坝群中各座大坝的变形失效概率进行估算。

5.5.2.1 A 坝失效概率的估算

首先基于 A 坝的实测资料对其失效概率进行估算。A 坝为双曲拱坝，坝体共布置 8 条正倒垂线，包含 34 个正倒垂测点。对其 2012—2019 年实测数据整理(保留两位小数)得到表 5.5.1。

表 5.5.1　A 坝垂线实测资料统计表

	IP1-1	IP11-1	IP13-1	IP13-2	IP16-1	IP19-1	IP23-1	IP5-1	IP9-1
极小值	-1.67	0.01	-0.02	-0.05	-0.45	-0.44	-0.34	-0.30	-0.21
极大值	0.34	3.75	1.99	1.74	0.74	0.75	0.46	0.60	1.18
	PL1-1	**PL11-1**	**PL11-2**	**PL11-3**	**PL11-4**	**PL11-5**	**PL1-2**	**PL13-1**	**PL13-2**
极小值	-2.20	0.62	0.75	0.75	1.39	-0.01	-2.31	-0.83	-0.03
极大值	1.55	9.06	9.58	11.01	12.34	8.02	0.65	1.84	2.69
	PL13-3	**PL13-4**	**PL13-5**	**PL16-1**	**PL16-2**	**PL16-3**	**PL16-4**	**PL16-5**	**PL19-1**
极小值	-0.84	-0.61	-0.19	-4.82	-5.28	-4.33	-3.24	-2.75	-4.62
极大值	4.48	4.82	4.61	2.64	0.99	0.67	0.63	0.12	4.79
	PL19-2	**PL19-3**	**PL19-4**	**PL19-5**	**PL23-1**	**PL23-2**	**PL23-3**	**PL5-1**	**PL5-2**
极小值	-4.85	-3.61	-3.16	-1.64	-5.03	-2.30	-1.20	-3.53	-2.87
极大值	2.75	2.30	0.64	0.47	0.04	0.82	0.78	7.95	6.88
	PL5-3	**PL5-4**	**PL9-1**	**PL9-2**	**PL9-3**	**PL9-4**	**PL9-5**		
极小值	-2.12	-1.77	-8.60	-6.00	-3.03	-2.06	-0.88		
极大值	4.75	2.61	7.10	6.90	6.82	5.32	3.43		

根据 5.4.2 节内容对各测点的分布参数进行求解，表 5.5.2 为 A 坝各测点的分布参数。

表 5.5.2　A 坝垂线实测数据分布参数

	IP1-1	IP11-1	IP13-1	IP13-2	IP16-1	IP19-1	IP23-1	IP5-1	IP9-1
均值	-0.78	2.83	1.41	1.00	0.23	0.21	-0.09	0.20	0.73
标准差	0.50	0.69	0.34	0.39	0.24	0.28	0.15	0.13	0.28
	PL1-1	**PL11-1**	**PL11-2**	**PL11-3**	**PL11-4**	**PL11-5**	**PL1-2**	**PL13-1**	**PL13-2**
均值	-0.16	6.24	6.56	8.08	9.87	6.19	-0.96	0.50	1.82
标准差	0.77	1.98	2.14	2.35	2.40	1.81	0.67	0.39	0.53
	PL13-3	**PL13-4**	**PL13-5**	**PL16-1**	**PL16-2**	**PL16-3**	**PL16-4**	**PL16-5**	**PL19-1**
均值	3.35	3.72	3.63	-1.84	-2.79	-2.58	-1.65	-1.65	-1.14
标准差	1.03	1.10	1.03	1.83	1.69	1.18	0.98	0.66	2.24
	PL19-2	**PL19-3**	**PL19-4**	**PL19-5**	**PL23-1**	**PL23-2**	**PL23-3**	**PL5-1**	**PL5-2**
均值	-2.09	-1.62	-1.68	-0.76	-2.93	-0.69	-0.15	2.81	2.31
标准差	1.85	1.36	0.98	0.51	1.42	0.81	0.39	2.95	2.45

续表

	PL5-3	PL5-4	PL9-1	PL9-2	PL9-3	PL9-4	PL9-5		
均值	1.71	0.51	0.40	1.60	3.27	2.82	2.27		
标准差	1.76	1.06	4.20	3.47	2.76	1.93	0.89		

A 坝的工程等级为 1 级，且根据大坝服役特点，其失效过程属于非突发性的第一类破坏，根据表 5.4.2 与 5.4.3 得到 A 坝的设计允许失效概率为 1.08×10^{-4}。根据式(5.4.31)即可求出大坝变形失效临界指标的上下限，见表 5.5.3。

表 5.5.3　各测点变形失效临界指标

	IP1-1	IP11-1	IP13-1	IP13-2	IP16-1	IP19-1	IP23-1	IP5-1	IP9-1
上限	1.35	5.78	2.86	2.64	1.24	1.41	0.57	0.77	1.94
下限	−2.90	−0.13	−0.04	−0.64	−0.79	−1.00	−0.75	−0.38	−0.48
	PL1-1	**PL11-1**	**PL11-2**	**PL11-3**	**PL11-4**	**PL11-5**	**PL1-2**	**PL13-1**	**PL13-2**
上限	3.11	14.70	15.68	18.10	20.10	13.88	1.87	2.17	4.09
下限	−3.44	−2.22	−2.57	−1.94	−0.36	−1.51	−3.80	−1.18	−0.46
	PL13-3	**PL13-4**	**PL13-5**	**PL16-1**	**PL16-2**	**PL16-3**	**PL16-4**	**PL16-5**	**PL19-1**
上限	7.74	8.41	8.04	5.95	4.41	2.47	2.54	1.15	8.42
下限	−1.04	−0.97	−0.77	−9.63	−10.00	−7.63	−5.84	−4.45	−10.71
	PL19-2	**PL19-3**	**PL19-4**	**PL19-5**	**PL23-1**	**PL23-2**	**PL23-3**	**PL5-1**	**PL5-2**
上限	5.79	4.17	2.49	1.43	3.12	2.78	1.49	15.38	12.76
下限	−9.97	−7.41	−5.86	−2.95	−8.98	−4.16	−1.80	−9.76	−8.14
	PL5-3	**PL5-4**	**PL9-1**	**PL9-2**	**PL9-3**	**PL9-4**	**PL9-5**		
上限	9.20	5.02	18.32	16.41	15.06	11.05	6.05		
下限	−5.78	−4.00	−17.51	−13.21	−8.52	−5.41	−1.51		

接下来，根据式(5.4.9)和式(5.4.10)，求出测点发生变形破坏的失效概率。表 5.5.4 为整理后的 A 坝各测点发生变形破坏的失效概率。

表 5.5.4　各测点变形失效概率

	IP1-1	IP11-1	IP13-1	IP13-2	IP16-1	IP19-1	IP23-1	IP5-1	IP9-1
失效概率	5.10E−05	6.83E−05	7.49E−05	5.88E−05	6.32E−05	5.34E−05	6.55E−05	8.50E−05	6.21E−05
	PL1-1	**PL11-1**	**PL11-2**	**PL11-3**	**PL11-4**	**PL11-5**	**PL1-2**	**PL13-1**	**PL13-2**
失效概率	6.18E−05	5.39E−05	5.23E−05	5.53E−05	5.78E−05	5.63E−05	5.63E−05	8.62E−05	6.47E−05

续表

	PL13-3	PL13-4	PL13-5	PL16-1	PL16-2	PL16-3	PL16-4	PL16-5	PL19-1
失效概率	6.54E-05	6.25E-05	5.89E-05	5.17E-05	4.70E-05	5.35E-05	4.99E-05	5.54E-05	5.31E-05
	PL19-2	PL19-3	PL19-4	PL19-5	PL23-1	PL23-2	PL23-3	PL5-1	PL5-2
失效概率	5.21E-05	5.51E-05	4.92E-05	5.21E-05	4.53E-05	4.86E-05	6.50E-05	4.93E-05	5.04E-05
	PL5-3	PL5-4	PL9-1	PL9-2	PL9-3	PL9-4	PL9-5		
失效概率	4.95E-05	5.24E-05	4.73E-05	4.70E-05	4.51E-05	4.84E-05	6.15E-05		

根据式(5.4.34),A 坝发生变形破坏的失效概率为 8.62×10^{-5}。

5.5.2.2 C 坝失效概率的估算

下面基于 C 坝的实测资料对其失效概率进行估算。C 坝在大坝 13 号坝段布置 1 条正垂线(分 2 段 4 个测点),在大坝左岸坝肩、右岸坝肩、1205 廊道 9 号坝段、17 号坝段和 1180 廊道 13 号坝段共布置 5 条倒垂线。对其 2012—2019 年 IP1～IP5、PL1～PL4 实测数据进行整理(保留两位小数)得到表 5.5.5。

表 5.5.5 C 坝垂线实测资料统计表

	IP1	IP2	IP3	IP4	IP5	PL1	PL2	PL3	PL4
极小值	8.19	14.76	17.61	8.46	7.87	22.09	19.02	17.93	17.97
极大值	31.19	15.39	19.35	19.19	24.95	50.42	50.76	44.09	48.57

5.5.2.1 节中详细介绍了 A 坝发生变形破坏失效概率的求解,在此不再赘述,同理可得 C 坝各测点发生变形破坏的失效概率。表 5.5.6 为整理后的 C 坝各测点发生变形破坏的失效概率。

表 5.5.6 各测点变形失效概率

	IP1	IP2	IP3	IP4	IP5	PL1	PL2	PL3	PL4
失效概率	5.21E-05	7.40E-05	5.72E-05	7.70E-05	5.62E-05	4.68E-05	5.89E-05	7.53E-05	6.53E-05

根据式(5.4.34),C 坝发生变形破坏的失效概率为 7.70×10^{-5}。

5.5.2.3 D 坝失效概率的估算

接下来基于 D 坝的实测资料对其失效概率进行估算。D 坝正倒垂线系统主要布置在4号、11号、21号、33号和37号坝段，共有20个测点。对其2012—2019年TCN01～TCN20实测数据进行整理(保留两位小数)得到表5.5.7。

表5.5.7　D坝垂线实测资料统计表

	TCN01	TCN02	TCN03	TCN04	TCN05	TCN06	TCN07	TCN08	TCN09	TCN10
极小值	−0.91	0.20	24.39	25.09	14.47	4.51	9.23	69.01	65.38	45.70
极大值	3.75	2.09	64.23	54.45	21.15	8.20	12.89	139.70	125.25	76.11
	TCN11	TCN12	TCN13	TCN14	TCN15	TCN16	TCN17	TCN18	TCN19	TCN20
极小值	24.42	11.78	9.36	7.07	19.96	19.52	6.11	1.08	0.75	1.26
极大值	39.78	15.01	13.29	11.04	48.40	42.50	9.38	1.58	4.97	3.32

根据5.4节研究成果，可求解得到D坝各测点发生变形破坏的失效概率。表5.5.8为整理后的D坝各测点发生变形破坏的失效概率。

表5.5.8　各测点变形失效概率

	TCN01	TCN02	TCN03	TCN04	TCN05	TCN06	TCN07	TCN08	TCN09	TCN10
失效概率	5.43E−05	4.68E−05	4.54E−05	4.30E−05	4.26E−05	5.63E−05	5.29E−05	4.45E−05	4.42E−05	4.35E−05
	TCN11	TCN12	TCN13	TCN14	TCN15	TCN16	TCN17	TCN18	TCN19	TCN20
失效概率	4.34E−05	4.80E−05	5.62E−05	7.78E−05	4.68E−05	4.87E−05	4.12E−05	6.47E−05	4.79E−05	4.74E−05

根据式(5.4.34)，D坝发生变形破坏的失效概率为7.78×10^{-5}。

5.5.2.4　B坝、E坝失效概率的估算

因作者未收集到B坝和E坝的实测资料，无法结合实测资料对其进行失效概率估算，但该流域梯级坝群中的五座大坝位置较近，同处于该流域干流的下游段，故可以结合A、C、D坝实测资料分析结果进行近似计算。

根据A、C、D坝变形失效概率估算过程，对三座大坝各测点变形极值逼近失效临界指标的程度$R_{\delta i}$进行统计整理，可得到表5.5.9。

表5.5.9　各测点变形极值逼近失效临界指标程度

	A坝	C坝	D坝
最大值	0.8	0.71	0.72
最小值	0.42	0.43	0.38
均值	0.53	0.58	0.46

因B坝距离A坝较近，近似认为B坝与A坝的服役环境相近、面临的风险也相似，故B坝变形极值逼近失效临界指标的程度 R_δ 近似取为0.52，B坝的工程等级为1级，根据表5.4.2与5.4.3得到B坝的设计允许失效概率为 1.08×10^{-4}，根据式(5.4.34)，B坝发生变形破坏的失效概率为 5.62×10^{-5}。

E坝距离D坝较近，同理将E坝变形极值逼近失效临界指标的程度 R_δ 近似取为0.46，E坝的工程等级为2级，根据表5.4.2与5.4.3得到E坝的设计允许失效概率为 6.87×10^{-4}，根据式(5.4.34)，E坝发生变形破坏的失效概率为 3.16×10^{-4}。

5.5.3 流域梯级坝群失效概率实测资料估算

在对流域梯级坝群中各座大坝的变形失效概率进行了估算后，下面结合5.4.4节研究成果进一步对该流域梯级坝群的失效概率进行估算。

根据流域梯级坝群工程概况，该流域梯级坝群中存在两座控制性工程，为A坝和D坝，根据实测资料估算出的失效概率分别为 8.62×10^{-5} 和 7.78×10^{-5}。相应地，流域梯级坝群中B、C、E坝的变形失效概率分别为 5.62×10^{-5}、7.70×10^{-5} 和 3.16×10^{-4}。

首先对该流域梯级坝群的局部链式变形失效进行分析。该流域梯级坝群由5座大坝组成，其中2座为控制性工程，根据式(5.4.47)可知该流域梯级坝群的 $N=5,\ n=2,\ k=2$。此时该流域梯级坝群局部链式变形失效概率可表示为

$$P_{f_P}=P_f^{k/N-n}\prod_{l=1}^{n}(1-P_{f_l})=(1-R_{2/3})\prod_{l=1}^{2}(1-P_{f_l}) \tag{5.5.1}$$

式中：$\prod_{l=1}^{2}(1-P_{f_l})$ 表示控制性工程不发生失效的概率，即为 $(1-P_{f_A})(1-P_{f_D})$。

根据式(5.4.42)，可得到式(5.5.1)中的 $R_{2/3}$ 具体表达式为：

$$\begin{aligned}R_{2/3}&=\overline{P_{f_B}P_{f_C}P_{f_E}}+\overline{P_{f_B}P_{f_C}}P_{f_E}+\overline{P}_{f_B}P_{f_C}\overline{P}_{f_E}+P_{f_B}\overline{P_{f_C}P_{f_E}}\\&=\overline{P_{f_B}P_{f_C}}+\overline{P_{f_C}P_{f_E}}+\overline{P_{f_B}P_{f_E}}-2\overline{P_{f_B}P_{f_C}P_{f_E}}\end{aligned} \tag{5.5.2}$$

式中：$\overline{P}_{f_i}=1-P_{f_i}$。

将B、C、E坝的变形失效概率代入式(5.5.2)中，得到 $1-R_{2/3}=4.6416\times10^{-8}$，

代入式(5.5.1)中，得到该流域梯级坝群局部链式变形失效概率为 4.6408×10^{-8}。

接下来对该流域梯级坝群全局链式变形失效概率进行估算，根据式(5.4.48)，此时该流域梯级坝群全局链式变形失效概率可表示为

$$P_{f_{ALL}}=\max(P_{f_A},P_{f_D}) \tag{5.5.3}$$

即该流域梯级坝群的全局链式变形失效概率为 8.62×10^{-5}。

5.6　本章小结

本章针对传统大坝失效概率估算方法的不足，综合运用可靠度、混合因果逻辑、实测资料分析等理论与方法，提出了流域梯级坝群失效概率估算方法，主要研究内容及成果如下。

(1) 在对现有大坝失效概率可靠度估算模型特点研究基础上，引入 Hasofer-Lind 可靠指标，通过对人工鱼群算法的研究，对其迭代过程改进优化，建立了基于改进 AFSA 的大坝失效概率估算模型。结合前两章研究成果，考虑风险链式效应，构建了流域梯级坝群失效概率可靠度估算模型。

(2) 研究了混合因果逻辑分析方法的建模思想，考虑流域梯级坝群主要失效路径上风险因素与风险之间的因果逻辑关系，构建了流域梯级坝群风险事件流模型。针对事件流模型中单元大坝节点，运用模糊可靠度理论，建立了单元大坝故障树模糊模型，在此基础上，构建了流域梯级坝群混合因果逻辑分析模型，提出了流域梯级坝群失效概率混合因果逻辑估算方法。

(3) 充分利用流域梯级坝群各座大坝实测资料，运用最大熵和可靠度理论，确定了大坝失效临界指标，以此建立了大坝失效概率实测资料估算模型。研究了复杂系统 k/N 模型的建模思想，构建了流域梯级坝群 k/N 系统模型，在对不同型 k/N 模型的求解方法进一步探究的基础上，提出了基于实测资料的流域梯级坝群失效概率估算方法。

第六章

流域梯级坝群失效后果综合评估方法

6.1 概述

由于我国大坝数量众多，流域梯级坝群在给国民经济带来巨大效益的同时，也可能会给社会带来巨大的损失和灾难性后果。目前，对于大坝失效后果的综合评估分析，国内外已开展了许多研究工作，但大多都是分析单个大坝的失效后果，对流域梯级坝群失效后果评估方法研究相对较少。因此，如何针对流域梯级坝群进行失效后果的综合评估还需进行进一步研究。

本章在系统分析失效后果综合评估体系以及相应指标划分标准的基础上，研究流域梯级坝群失效后果灰色模糊综合评判方法和流域梯级坝群失效后果排序灰色模糊物元分析方法，由此对流域梯级坝群系统整体失效后果进行评估，并对流域梯级坝群内各单个大坝失效后果进行排序，为大坝除险加固修复决策提供参考。

6.2 失效后果综合评估框架

6.2.1 失效后果综合评估体系

流域梯级坝群失效后果主要包括生命损失、经济损失和社会环境影响三个部分。

6.2.1.1 生命损失

大坝失效的生命损失是指大坝失效发生后受灾区域内由洪灾造成死亡的人口总数。生命损失受到各种因素影响，主要影响因素有以下四个方面。

（1）风险人口

风险人口即为大坝失效影响区域某一深度洪水区内人口的总和。目前，洪水深度一般取 0.3 m，生命损失随着风险人口总数的增加而增大，同时也受到风险人口所在位置的影响，一般距离坝址和主河道越近，生命损失越大。

（2）洪水严重程度

洪水严重程度表示大坝失效后洪水对下游居民、建筑物的破坏程度。洪水严重程度主要与大坝的坝型、库容、地形、下游地貌交通等因素有关。洪水严重程度分为高、中、低三个等级，用式（6.2.1）对洪水严重程度进行划分，即：

$$SD = dv \tag{6.2.1}$$

式中：d 为洪水深度；v 为洪水流速。

划分标准如表 6.2.1 所示。

表 6.2.1　洪水严重程度划分标准

洪水严重程度	dv	具体
高严重性	dv 值很大	洪水冲毁所在区域的一切东西
中严重性	$dv > 4.6\ m^2/s$	大多房屋被冲毁，但部分房屋和树木仍可用于避难
低严重性	$dv \leqslant 4.6\ m^2/s$	建筑物基础仍完好

（3）警报时间

警报时间是指在大坝失效导致的洪水到来之前，官方提前向公众发布预警的时间，一般警报时间分为三类。

① 警报充分，即洪水到达风险人口前 1 小时发布警报信息。

② 一般程度警报，即洪水到达风险人口前 25 分钟至 1 小时内发布警报信息。

③ 无警报，即官方没有发布洪水警报。

（4）公众对大坝失效后果理解程度

公众对大坝失效后果理解程度分为清晰和模糊两种。

① 理解清晰。公众对大坝失效的严重性、造成后果具有清晰的认识，对于洪水淹没范围及程度有正确的理解，同时对逃生路径和方法有明确的认识。

② 理解模糊。公众对大坝失效的严重性、造成后果认识模糊，对于洪水淹没范围及程度缺乏认识，同时并不了解逃生路径和方法。

选取以上四个影响因素，建立生命损失评估指标体系，见图 6.2.1。

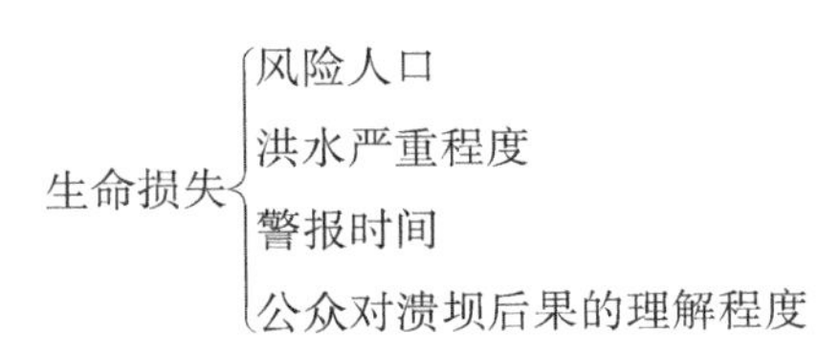

图 6.2.1　大坝失效生命损失评估指标体系

6.2.1.2 经济损失

经济损失是由大坝失效造成的可进行度量确定的损失。经济损失主要分为社会经济损失、集体经济损失、个人经济损失和救灾投入四个部分。

根据经济损失种类，建立大坝失效经济损失评估指标体系，见图 6.2.2。

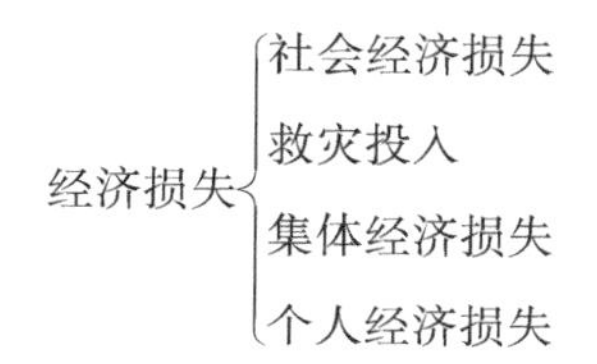

图 6.2.2 大坝失效经济损失评估指标体系

6.2.1.3 社会与环境影响

大坝失效造成社会环境影响，通常很难对其进行经济上的定量描述，但对受灾地区造成了严重影响，主要包括社会影响和环境影响。

① 社会影响

社会影响包括造成社会不安定影响、人们身心健康损害、日常生活质量下降、文物古迹及艺术品损失、稀有动物损失等。

② 环境影响

环境影响主要包括大坝失效对自然生态和人文资源影响，如各类野生动植物及其栖息地丧失，污染工业、重要城市影响等。

据此建立社会与环境影响评估指标体系，见图 6.2.3。

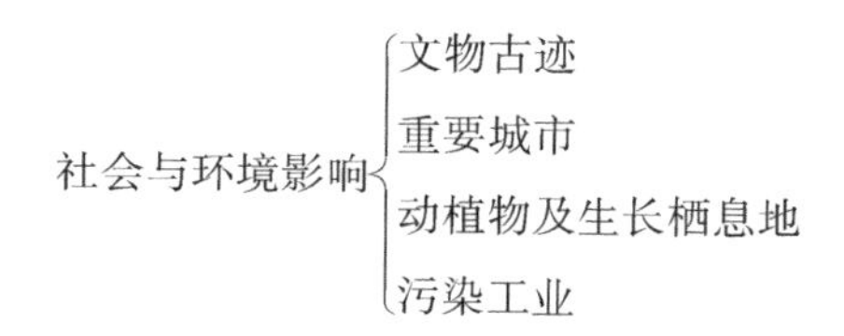

图 6.2.3 大坝失效社会与环境影响评估指标体系

6.2.1.4 大坝失效后果综合评价指标体系

综合以上三个方面的大坝失效后果，建立大坝失效后果评估指标体系，如图 6.2.4 所示。

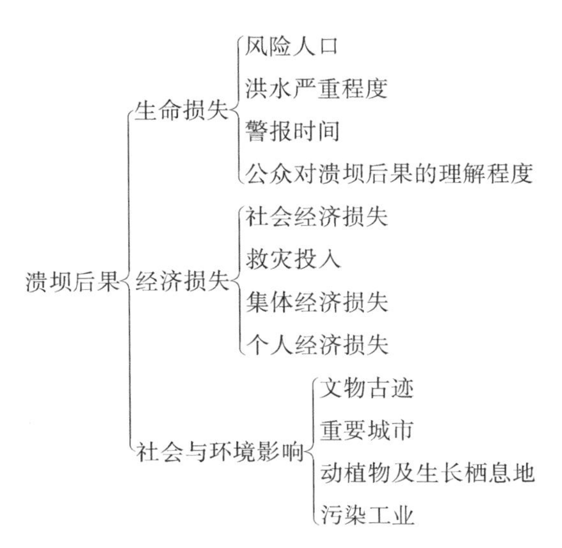

图 6.2.4 大坝失效后果综合评估指标体系

6.2.2 失效后果综合评估指标划分标准

对大坝失效后果进行综合评估时，各个评估指标分为无法进行精确量化的定性指标和可进行量化的定量指标两类，如定量指标有警报时间、风险人口等，定性指标有公众对大坝失效的理解程度等。因此，为了对大坝失效后果进行合理综合评价，按大坝失效后果严重程度分为极其严重、相当严重、严重、一般、轻微五个级别。

根据我国国情及大坝情况[220]，建立了大坝失效各项损失及影响因素评估标准，具体划分标准如表 6.2.2 至表 6.2.4 所示。

表 6.2.2 生命损失影响因素评估标准

严重程度	风险人口(人)	洪水严重程度 dv (m^2/s)	警报时间(h)	公众对大坝失效理解程度
极其严重	$[10^5, +\infty)$	$[15, +\infty)$	$[0, 0.25)$	极其模糊
相当严重	$[10^4, 10^5)$	$(12, 15]$	$[0.25, 0.5)$	模糊
严重	$[10^3, 10^4)$	$(4.6, 12]$	$[0.5, 0.75)$	一般
一般	$[10^2, 10^3)$	$(0.5, 4.6]$	$[0.75, 1)$	明确
轻微	$[10, 10^2)$	$[0, 0.5]$	$[1, +\infty)$	极其明确

表 6.2.3　经济损失影响因素评估标准

严重程度	社会经济损失（万元）	救灾投入（万元）	集体经济损失（万元）	个人经济损失（万元）
极其严重	$[10^5, +\infty)$	$[10^5, +\infty)$	$[10^5, +\infty)$	$[10^5, +\infty)$
相当严重	$[10^4, 10^5)$	$[10^4, 10^5)$	$[10^4, 10^5)$	$[10^4, 10^5)$
严重	$[10^3, 10^4)$	$[10^3, 10^4)$	$[10^3, 10^4)$	$[10^3, 10^4)$
一般	$[10^2, 10^3)$	$[10^2, 10^3)$	$[10^2, 10^3)$	$[10^2, 10^3)$
轻微	$[1, 10^2)$	$[1, 10^2)$	$[1, 10^2)$	$[1, 10^2)$

表 6.2.4　社会环境影响因素评估标准

严重程度	文物古迹	重要城市	动植物及生长栖息地	污染工业
极其严重	世界级文化遗产、艺术珍品	首都、直辖市、省会	世界级濒临灭绝动植物及其栖息地	核电站核储库
相当严重	国家级重点保护文物、艺术珍品	地级市、县级市	稀有动植物及其栖息地	大规模剧毒化工厂、农药厂
严重	省级文物、珍品	乡镇	较珍贵动植物及其栖息地	较大规模化工厂、农药厂
一般	县级文物、珍品	乡村	有价值动植物及其栖息地	一般化工厂、农药厂
轻微	一般文物、艺术品	散户	一般动植物及其栖息地	无污染工业

6.3　流域梯级坝群失效后果灰色模糊综合评判方法

6.3.1　灰色模糊理论

定义空间 $X=\{x\}$，X 上有模糊子集 $\tilde{A}$，若 $\tilde{A}$ 的隶属度 $\mu_A(x)$ 为 $[0, 1]$ 内的灰数，定义点灰度为 $v_A(x)$，称 $\underset{\otimes}{\tilde{A}}$ 为空间 X 上的灰色模糊子集（GF 集），记为

$$\underset{\otimes}{\tilde{A}}=\{[x, \mu_A(x), v_A(x)] \mid x \in X\} \tag{6.3.1}$$

$\underset{\otimes}{\tilde{A}}$ 的分部表示为 $(\tilde{A}, \underset{\otimes}{A})$，其中，$\tilde{A}=\{[x, \mu_A(x)] \mid x \in X\}$ 为 $\underset{\otimes}{\tilde{A}}$ 的模糊

部分，$\underset{\otimes}{A}=\{[x,v_A(x)]\mid x\in X\}$ 为 $\underset{\otimes}{\widetilde{A}}$ 的灰色部分。

设空间 $X=\{x\}$ 及 $Y=\{y\}$，x、y 对应的模糊关系 $\widetilde{R}$ 的隶属度为 $\mu_A(x, y)$，同时对应的点灰度为 $v_R(x, y)$，则空间 $x\times y$ 上的灰色模糊关系记为

$$\underset{\otimes}{\widetilde{\boldsymbol{R}}}=\{[(x, y), \mu_R(x, y), v_R(x, y)]\mid x\in X, y\in Y\} \quad (6.3.2)$$

也可表示为

$$\underset{\otimes}{\widetilde{\boldsymbol{R}}}=\begin{bmatrix}(\mu_{11}, v_{11}) & (\mu_{12}, v_{12}) & \cdots & (\mu_{1n}, v_{1n})\\(\mu_{21}, v_{21}) & (\mu_{22}, v_{22}) & \cdots & (\mu_{2n}, v_{2n})\\\vdots & \vdots & & \vdots\\(\mu_{m1}, v_{m1}) & (\mu_{m2}, v_{m2}) & \cdots & (\mu_{mn}, v_{mn})\end{bmatrix}=[(\mu_{ij}, v_{ij})]_{m\times n} \quad (6.3.3)$$

式中：μ_{ij} 为 i 对 j 的隶属度，v_{ij} 为相应的点灰度。

6.3.2　灰色模糊综合评判分析流程

灰色模糊综合评判分析融合了灰色系统理论和模糊数学理论，考虑评判分析中模糊因素的同时，也兼顾了信息模糊和收集不完全问题。该方法将模糊矩阵与原有评判分析相结合，明确评判因素与对象间关系，并引入点灰度概念。

为了直观描述灰色模糊综合评判方法，建立分析流程图，如图 6.3.1 所示。

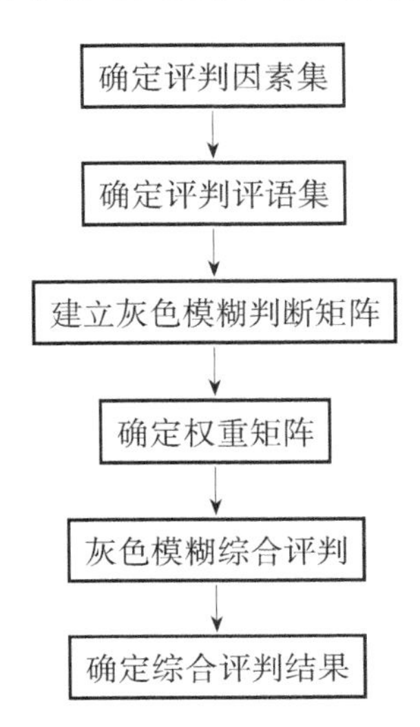

图 6.3.1　灰色模糊综合评判分析流程

6.3.3 流域梯级坝群失效后果灰色模糊综合评判方法

6.3.3.1 综合评判指标体系及评判因素集的确定

设因素集$U=\{u_1, u_2, \cdots, u_n\}$，$U$中包含$n$种不同元素，包括$n$个子集，若该因素集包含两个层次，则第$i$个子集$u_i=\{u_{i1}, u_{i2}, \cdots, u_{im}\}$，$i=1, 2, \cdots, n$。

并满足条件：

a. $U=u_1 \cup u_2 \cdots \cup u_n$；

b. 任意两个子集无交集。

流域梯级坝群失效后果综合评判指标体系需要全面、准确地反映流域梯级坝群失效后果，在整体考虑流域梯级坝群失效后果基础上，定量评价各项指标，确保评价结果准确性。

由前文可知，流域梯级坝群失效后果的一级指标为

$U=\{u_1, u_2, u_3\}$={生命损失，经济损失，社会与环境影响}

流域梯级坝群失效后果的二级指标分别为

生命损失 $u_1=\{u_{11}, u_{12}, u_{13}, u_{14}\}$

={风险人口，洪水严重程度，警报时间，公众对溃坝后果理解程度}

经济损失 $u_2=\{u_{21}, u_{22}, u_{23}, u_{24}\}$

={社会经济损失，救灾投入，集体经济损失，个人经济损失}

社会与环境损失 $u_3=\{u_{31}, u_{32}, u_{33}, u_{34}\}$

={文物古迹，重要城市，动植物及其栖息地，污染工业}

6.3.3.2 评判评语集及因素等级分类标准确定

评语集是各种评价结果的总和，表示为$V=\{v_1, v_2, v_3, v_4\}$。v_1，v_2，v_3，v_4表示可能的评价结果，在流域梯级坝群失效后果的综合评判分析中，评语集的确定需要根据流域梯级坝群失效后果的严重程度进行划分，评价集$V=${极其严重，相当严重，严重，一般，轻微}。

6.3.3.3 建立灰色模糊评判矩阵

灰色模糊评判矩阵由模糊部分和灰色部分组成。通过模糊隶属度来描述评

判因素与状态间的关系，即模糊部分；通过点灰度来表示相对模糊关系的可信程度，即灰色部分。

（1）确定模糊部分

模糊部分中的模糊隶属度一般通过隶属函数进行计算，需要根据流域梯级坝群失效的实际情况进行选取，根据表 6.3.1，采用合适的半梯形或梯形分布函数作为隶属函数进行计算。

表 6.3.1　各评价指标评估标准表

评价指标	等级				
	极其严重	相当严重	严重	一般	轻微
越小越严重型指标	$[a_1, a_2]$	$(a_2, a_3]$	$(a_3, a_4]$	$(a_4, a_5]$	$(a_5, a_6]$
越大越严重型指标	$(b_2, b_1]$	$(b_3, b_2]$	$(b_4, b_3]$	$(b_5, b_4]$	$[b_6, b_5]$

注：$a_1 < a_2 < a_3 < a_4 < a_5 < a_6$，$b_1 > b_2 > b_3 > b_4 > b_5 > b_6$。

对于越小越严重型指标的隶属函数：

$$y_1(x)=\begin{cases} 1 & x < a_1 \\ \dfrac{a_2 - x}{a_2 - a_1} & a_1 \leqslant x < a_2 \\ 0 & x \geqslant a_2 \end{cases} \tag{6.3.4}$$

$$y_i(x)=\begin{cases} \dfrac{x - a_{i-1}}{a_i - a_{i-1}} & a_{i-1} \leqslant x < a_i \\ \dfrac{a_{i+1} - x}{a_{i+1} - a_i} & a_i \leqslant x < a_{i+1} \\ 0 & x \geqslant a_{i+1} \end{cases} \quad (i=2,\ 3,\ 4) \tag{6.3.5}$$

$$y_5(x)=\begin{cases} 0 & x < a_4 \\ \dfrac{x - a_4}{a_5 - a_4} & a_4 \leqslant x < a_5 \\ 1 & x \geqslant a_5 \end{cases} \tag{6.3.6}$$

对于越大越严重型指标的隶属函数：

$$y_1(x)=\begin{cases}1 & x>b_1\\ \dfrac{x-b_2}{b_1-b_2} & b_2<x\leqslant b_1\\ 0 & x\leqslant b_2\end{cases} \tag{6.3.7}$$

$$y_i(x)=\begin{cases}\dfrac{b_{i-1}-x}{b_{i-1}-b_i} & b_i<x\leqslant b_{i-1}\\ \dfrac{x-b_i}{b_i-b_{i+1}} & b_{i+1}<x\leqslant b_i\\ 0 & x\leqslant b_{i+1}\end{cases} \quad (i=2,3,4) \tag{6.3.8}$$

$$y_5(x)=\begin{cases}0 & x>b_4\\ \dfrac{b_4-x}{b_4-b_5} & b_5<x\leqslant b_4\\ 1 & x\leqslant b_5\end{cases} \tag{6.3.9}$$

（2）确定灰色部分

由于模糊部分中各评判因素收集到的信息可信度有所区别，为了考虑可信度差异对总体评价结果的影响，故引入灰色部分，并使用一定的描述性语言区分不同的灰度，具体标准如表 6.3.2 所示。

表 6.3.2　灰度取值标准

描述语言	很充分	较充分	一般	较匮乏	很匮乏
灰度值	(0，0.2]	(0.2，0.4]	(0.4，0.6]	(0.6，0.8]	(0.8，1]

根据模糊部分和灰色部分的结果，确定大坝失效后果灰色模糊评判矩阵 $\underset{\otimes}{\widetilde{\boldsymbol{R}}}$。

6.3.3.4　确定权重矩阵

与判断矩阵相似，权重矩阵分为两部分，一是评判因素对应的权重，二是该权重所对应的点灰度，其权重由层次分析法得到。

在流域梯级坝群失效后果灰色模糊综合评判分析中，总目标层 $U=\{u_1, u_2, u_3\}=\{$生命损失，经济损失，社会与环境影响$\}$，运用 AHP 法建立一级指标的判断矩阵 $\mathbf{A}$，在参考各类文献[221]的基础上，将生命损失与经济损失的重要程度定为 7∶1，经济损失与社会环境影响的重要程度定为 2∶3，得到判断矩阵 $\mathbf{A}$：

$$A=\begin{bmatrix}1 & 7 & 14/3\\ 1/7 & 1 & 2/3\\ 3/14 & 3/2 & 1\end{bmatrix}$$

求得 $\boldsymbol{A}$ 的最大特征根 $\lambda_m = 3.002$，特征向量 $\bar{\boldsymbol{\omega}} = [2.211,\ 0.315,\ 0.474]$，标准化处理后 $\boldsymbol{\omega} = [0.737,\ 0.105,\ 0.158]$。

为了检验权重分配的合理性，对 $\boldsymbol{A}$ 进行一致性检验，得到 $\boldsymbol{A}$ 的一致性比率 $CR = 0.02 < 0.1$，说明该矩阵分配合理。此时，权重值对应的点灰度取 0。

所以该一级指标 U 对失效损失重要性的权重矩阵为

$$\underset{\otimes}{\widetilde{\boldsymbol{A}}} = [a_1,\ a_2,\ a_3] = [(0.737,\ 0),\ (0.105,\ 0),\ (0.158,\ 0)]$$

以此类推，可以得到各二级指标对一级指标重要性的权重矩阵：

$$\begin{aligned}\underset{\otimes}{\widetilde{\boldsymbol{A}}}_1 &= [a_{11},\ a_{12},\ a_{13},\ a_{14}]\\ &= [(0.125,\ 0),\ (0.250,\ 0),\ (0.375,\ 0),\ (0.250,\ 0)]\\ \underset{\otimes}{\widetilde{\boldsymbol{A}}}_2 &= [a_{21},\ a_{22},\ a_{23},\ a_{24}]\\ &= [(0.554,\ 0),\ (0.201,\ 0),\ (0.184,\ 0),\ (0.061,\ 0)]\\ \underset{\otimes}{\widetilde{\boldsymbol{A}}}_3 &= [a_{31},\ a_{32},\ a_{33},\ a_{34}]\\ &= [(0.370,\ 0),\ (0.296,\ 0),\ (0.185,\ 0),\ (0.148,\ 0)]\end{aligned}$$

6.3.3.5　灰色模糊综合评判

对于灰色模糊综合评判中模糊部分的运算，一般有四种运算模型：主因素决定型 $M(\wedge,\ \vee)$，主因素突出型 $M(\cdot,\ \vee)$，不均衡平衡型 $M(\wedge,\ \oplus)$，加权平均型 $M(\cdot,\ \oplus)$，前三种模型更适合主因素在整体综合评判中具有主导作用的情况，后一种模型根据权重大小均衡兼顾各个因素。本节使用加权平均型进行模糊部分的运算，对于灰色部分，采用有界积－均值模型进行运算。

首先，对第 2 级指标进行综合评判：

$$\underset{\otimes}{\widetilde{\boldsymbol{B}}}_i = \underset{\otimes}{\widetilde{\boldsymbol{A}}}_i \circ \underset{\otimes}{\widetilde{\boldsymbol{R}}}_i = \left[\left(\min\left(1,\ \sum_{k=1}^{n} a_k \cdot \mu_{kp}\right),\ \frac{1}{n}\prod_{k=1}^{n}\{1 \wedge [v_A(a_k) + v_{kp}]\}\right)\right] \tag{6.3.10}$$

由此得到第1级指标的评判矩阵：

$$\underset{\otimes}{\widetilde{\boldsymbol{R}}}=(\underset{\otimes}{\widetilde{B}_1},\underset{\otimes}{\widetilde{B}_2},\cdots,\underset{\otimes}{\widetilde{B}_s}) \tag{6.3.11}$$

对第1级指标进行综合评判：

$$\underset{\otimes}{\widetilde{\boldsymbol{C}}}=\underset{\otimes}{\widetilde{\boldsymbol{A}}}\circ\underset{\otimes}{\widetilde{\boldsymbol{R}}}=[(b_l,v_{bl})]_p \tag{6.3.12}$$

对于综合评判结果 $\underset{\otimes}{\widetilde{\boldsymbol{C}}}$，$b_l$ 为隶属度，v_{bl} 表示相应的点灰度，令 $d_l=1-v_{bl}$，代表 b_l 的可信度。此时，评判结果可以表示为

$$\underset{\otimes}{\widetilde{\boldsymbol{C}}}=\{x_1,x_2,\cdots,x_p\} \tag{6.3.13}$$

则综合评判结果 $\underset{\otimes}{\widetilde{\boldsymbol{C}}}$ 可以通过 x_l 的大小进行分析判断，即问题简化为求解 x_l 的范数：

$$\|x_l\|=\sqrt{[b_l,d_l]} \tag{6.3.14}$$

最终评价结果表示为

$$H_A=\{\|x_1\|,\|x_2\|,\cdots,\|x_p\|\} \tag{6.3.15}$$

利用最大隶属度原则得出流域梯级坝群中各个大坝失效后果的评价结果。

最后，求得流域梯级坝群系统中各个大坝在坝群系统的综合重要度 $W_{AR}=(\omega_{AR1},\omega_{AR2},\cdots,\omega_{ARn})$，根据灰色模糊运算模型，得到流域梯级坝群系统的综合评价结果。

6.4 流域梯级坝群失效后果排序灰色模糊物元分析方法

灰色模糊物元分析方法结合了灰色模型、模糊数学和物元分析方法，本节运用该方法，对流域梯级坝群失效后果进行排序。利用灰色模糊物元分析方法将失效后果的多个评价指标综合为一个总指标，即关联度，并将关联度作为流域梯级坝群失效后果排序的依据，提出失效后果排序的一种新思路。

6.4.1 复合模糊灰元的概念

对于给定事物 M，可用“事物、特征、量值”这三个指标进行具体描述，以便

对 M 进行定性及定量分析计算。将事物 M、特征 c、量值 v 组成有序三元组 $\boldsymbol{R}=(N, c, v)$，并将此作为描述 M 的基本单元，即物元，具有模糊性量值的基本单元为模糊物元。

若事物 M 有多个特征和模糊量值，则称 $\boldsymbol{R}$ 为 n 维模糊物元，表示为

$$\boldsymbol{R}=\begin{bmatrix} M & c_1 & v_1 \\ & c_2 & v_2 \\ & \vdots & \vdots \\ & c_n & v_n \end{bmatrix}=\begin{bmatrix} R_1 \\ R_2 \\ \vdots \\ R_n \end{bmatrix} \tag{6.4.1}$$

灰色模糊物元，即用事物 M、特征 c、模糊灰量值 $\tilde{\otimes}$ 组成有序三元组，对于流域梯级坝群系统来说，特征 c 为评价指标，记为 $\tilde{\otimes}\boldsymbol{R}$，

$$\tilde{\otimes}\boldsymbol{R}=\begin{bmatrix} & M \\ c & \tilde{\otimes} \end{bmatrix} \tag{6.4.2}$$

同理，若事物 M 有 n 个特征 c_1，c_2，…，c_n，对应模糊灰量值为 $\tilde{\otimes}_{ij}$，构成事物 M 的 n 维复合模糊灰元 $\tilde{\otimes}\boldsymbol{R}_n$：

$$\tilde{\otimes}\boldsymbol{R}_n=\begin{bmatrix} & M \\ c_1 & \tilde{\otimes}_1 \\ c_2 & \tilde{\otimes}_2 \\ \vdots & \vdots \\ c_n & \tilde{\otimes}_n \end{bmatrix} \tag{6.4.3}$$

将 m 个事物 n 维模糊灰元的组合称为复合模糊灰元，用 $\tilde{\otimes}\boldsymbol{R}_n^m$ 表示。

$$\tilde{\otimes}\boldsymbol{R}_n^m=\begin{bmatrix} & M^1 & M^2 & \cdots & M^m \\ c_1 & \tilde{\otimes}_1^1 & \tilde{\otimes}_1^2 & \cdots & \tilde{\otimes}_1^m \\ c_2 & \tilde{\otimes}_2^1 & \tilde{\otimes}_2^2 & \cdots & \tilde{\otimes}_2^m \\ \vdots & \vdots & \vdots & & \vdots \\ c_n & \tilde{\otimes}_n^1 & \tilde{\otimes}_n^2 & \cdots & \tilde{\otimes}_n^m \end{bmatrix} \tag{6.4.4}$$

式中：M^e 为第 e 个评价样本，c_i 为第 i 项评价指标，相对应的模糊灰量值为 $\tilde{\otimes}_i^e(i=1, 2, \cdots, n; e=1, 2, \cdots, m)$。

6.4.2 构造最佳事物 n 维模糊灰元

根据失效后果评价指标具体情况，按照相对优化原则，从 m 个事物的 n 维复合模糊灰元中，选择各个评价指标的模糊灰量值最大、最小或适中值组成新的 n 维模糊灰元，即为最佳事物 n 维模糊灰元，记为 $\tilde{\otimes}\boldsymbol{R}_0$：

$$\tilde{\otimes}\boldsymbol{R}_0=\begin{bmatrix} & M_0 \\ c_1 & \tilde{\otimes}_1^0 \\ c_2 & \tilde{\otimes}_2^0 \\ \vdots & \vdots \\ c_n & \tilde{\otimes}_n^0 \end{bmatrix} \tag{6.4.5}$$

式中：M_0 为最佳事物；$\tilde{\otimes}_i^0(i=1, 2, \cdots, n)$ 为最佳事物第 i 项评价指标对应的最优值。

构造最佳事物 n 维模糊灰元，主要有三种判断依据。

① 越大越优型

$$\tilde{\otimes}_i^0=\bigvee_{j=1}^{m}\tilde{\otimes}_i^j=\tilde{\otimes}_i^1 \vee \tilde{\otimes}_i^2 \vee \cdots \vee \tilde{\otimes}_i^m \tag{6.4.6}$$

② 越小越优型

$$\tilde{\otimes}_i^0=\bigwedge_{j=1}^{m}\tilde{\otimes}_i^j=\tilde{\otimes}_i^1 \wedge \tilde{\otimes}_i^2 \wedge \cdots \wedge \tilde{\otimes}_i^m \tag{6.4.7}$$

③ 适中型

$$\tilde{\otimes}_i^0=U_i^j \tag{6.4.8}$$

式中：U_i^j 表示第 j 个事物中第 i 项评价指标某一指定的适中值。

由于各个评价指标量纲和数量级有所差别，需要进行标准化计算。

① 越大越优型

$$\tilde{\otimes}_i'^j = \frac{\tilde{\otimes}_i^j - \min \tilde{\otimes}_i^j}{\max \tilde{\otimes}_i^j - \min \tilde{\otimes}_i^j} \quad (j=1,2,\cdots,m;i=1,2,\cdots,n) \tag{6.4.9}$$

② 越小越优型

$$\tilde{\otimes}_i'^j = \frac{\max \tilde{\otimes}_i^j - \tilde{\otimes}_i^j}{\max \tilde{\otimes}_i^j - \min \tilde{\otimes}_i^j} \quad (j=1,2,\cdots,m;i=1,2,\cdots,n) \tag{6.4.10}$$

③ 适中型

$$\tilde{\otimes}_i'^j = \frac{\min(\tilde{\otimes}_i^j, U_i^j)}{\max(\tilde{\otimes}_i^j, U_i^j)} \quad (j=1,2,\cdots,m;i=1,2,\cdots,n) \tag{6.4.11}$$

式中：$\tilde{\otimes}_i'^j$ 指经无量纲化后第 j 个事物第 i 项指标的灰度白化值。

6.4.3　关联度分析

每个事物与最佳事物相关性大小的量值即为关联度，如第 j 个事物与最佳事物的关联度记为 K_j，以此构造关联度灰元。设 m 个事物的 n 维关联系数复合灰元为 $\tilde{\otimes}\boldsymbol{R}_\xi$，有：

$$\tilde{\otimes}\boldsymbol{R}_\xi = \begin{bmatrix} & M^1 & M^2 & \cdots & M^m \\ c_1 & \tilde{\otimes}\xi_1^1 & \tilde{\otimes}\xi_1^2 & \cdots & \tilde{\otimes}\xi_1^m \\ c_2 & \tilde{\otimes}\xi_2^1 & \tilde{\otimes}\xi_2^2 & \cdots & \tilde{\otimes}\xi_2^m \\ \vdots & \vdots & \vdots & & \vdots \\ c_n & \tilde{\otimes}\xi_n^1 & \tilde{\otimes}\xi_n^2 & \cdots & \tilde{\otimes}\xi_n^m \end{bmatrix} \tag{6.4.12}$$

式中：$\tilde{\otimes}\xi_i^j(j=1,2,\cdots,m;i=1,2,\cdots,n)$ 为数据无量纲化后第 j 个事物第 i 项指标相应的关联系数 ξ_i^j 灰度白化值，计算方法如下式。

$$\tilde{\otimes}\xi_i^j = \frac{\min|\tilde{\otimes}_i'^0 - \tilde{\otimes}_i'^j| + \rho|\tilde{\otimes}_i'^0 - \tilde{\otimes}_i'^j|}{|\tilde{\otimes}_i'^0 - \tilde{\otimes}_i'^j| + \rho|\tilde{\otimes}_i'^0 - \tilde{\otimes}_i'^j|} \quad (j=1,2,\cdots,m;i=1,2,\cdots,n) \tag{6.4.13}$$

式中：分辨系数 $\rho \in [0.1, 0.5]$，通常取 $\rho = 0.5$；$\tilde{\otimes}_i^{\prime 0} = 1$。

关联度的复合灰元 $\tilde{\otimes} R_k$ 描述了各项指标与最佳指标的关联度，即对各个关联系数进行加权平均：

$$\tilde{\otimes} \boldsymbol{R}_k = \begin{bmatrix} & M^1 & M^2 & \cdots & M^m \\ k_0^j & k_0^1 = \sum_{i=1}^{n} W_i \tilde{\otimes} \xi_i^1 & k_0^2 = \sum_{i=1}^{n} W_i \tilde{\otimes} \xi_i^2 & \cdots & k_0^m = \sum_{i=1}^{n} W_i \tilde{\otimes} \xi_i^m \end{bmatrix} \tag{6.4.14}$$

式中：失效后果的各个评价指标的权重值为 $W_i (i = 1, 2, \cdots, n)$，且 $\sum_{i=1}^{n} W_i = 1$。

按 m 个事物关联度大小进行排序，从而确定流域梯级坝群失效后果的严重程度排序。

6.5 工程实例

针对上述失效后果两种分析方法，对江西省境内五座大坝进行坝群失效后果分析及排序。

6.5.1 工程概况

(1) 大坝 A

大坝 A 为土石混合坝，位于江西省赣江水系平江支流茶园河上，总库容 1 655 万 m^3，坝顶高程 215.75 m，最大坝高 42.96 m。

该大坝地理位置重要，下游防洪保护人口 20 万，田地 5.5 万亩[①]，同时下游 500 m 内有京九铁路、319 国道，兴国县城、长冈乡、高兴镇，曾山讲习所、国家级爱国主义教育基地，卷烟厂、水泥厂、工业园等重要城镇和基础设施，若大坝 A 失效，经济损失将达到 35 亿元。

(2) 大坝 B

大坝 B 为黏土斜墙堆石坝，位于赣江水系梅江支流仙下河上，总库容 165 万 m^3，坝顶高程 205.9 m，最大坝高 33.4 m。

该大坝地理位置重要，下游防洪保护人口 8 万，4 km 内有省道于宁公路，重

① 1 亩≈666.67 m^2。

要军事设施、长江第一渡，车溪乡、仙下乡等基础设施和重要城镇，若大坝 B 失效，经济损失将达到 25 亿元。

（3）大坝 C

大坝 C 为心墙土坝，位于赣江水系贡江支流板坑河上，总库容 5 560 万 m^3，坝顶高程 203.6 m，最大坝高 36 m。

该大坝地理位置重要，下游防洪保护人口 18 万，下游有 206 国道、省道，会昌县城、文武坝镇、庄口镇等重要城镇和基础设施，若大坝 C 失效，经济损失将达到 41 亿元。

（4）大坝 D

大坝 D 为心墙土坝，位于赣江水系绵江支流三官河上，总库容 2 510 万 m^3，坝顶高程 245.5 m，最大坝高 33.5 m。

该大坝风险人口 12 万人，具有相当重要的地理位置，下游有多条国道和铁路，有瑞金市区、苏维埃临时政府旧址等多个重要城镇和基础设施，若大坝 D 失效，经济损失将达到 25 亿元。

（5）大坝 E

大坝 E 为重力坝，位于赣江水系章江三系支流紫阳水上，总库容 1 500 万 m^3，坝顶高程 397.72 m，最大坝高 35.4 m。

该大坝地理位置重要，下游防洪保护人口 13 万，下游有南康区、上犹县、湘赣省级公路等重要城镇和基础设施，若大坝 E 失效，经济损失将达到 20 亿元。

6.5.2　流域梯级坝群失效后果灰色模糊综合评判分析

本章第二、三节中已经确定了大坝综合评估的因素集、评语集和权重矩阵，以下建立灰色模糊判断矩阵，以大坝 A 为例，根据大坝相关的统计资料以及收集信息的充分程度，分别确定大坝失效各项损失的灰色模糊判断矩阵。

$$
\text{生命损失}\underset{\otimes}{\widetilde{\boldsymbol{R}}_1} = \begin{bmatrix} (1,0) & (0.5,0) & (0,0.5) & (0,0.5) & (0,1) \\ (0.9,1) & (0.1,1) & (0,0.5) & (0,0.5) & (0,1) \\ (0,0) & (0.64,0) & (1,0) & (0,0.5) & (0,1) \\ (0.2,1) & (0.5,1) & (0.2,1) & (0.1,1) & (0,1) \end{bmatrix}
$$

$$
\text{经济损失}\underset{\otimes}{\widetilde{\boldsymbol{R}}_2} = \begin{bmatrix} (1,0) & (0,0) & (0,0.5) & (0,1) & (0,1) \\ (1,0) & (0.0001,0) & (0,0.5) & (0,1) & (0,1) \\ (1,0) & (0.0001,0) & (0,0.5) & (0,1) & (0,1) \\ (1,0) & (0.0002,0) & (0,0.5) & (0,1) & (0,1) \end{bmatrix}
$$

$$
社会与环境影响\underset{\otimes}{\widetilde{\boldsymbol{R}}}_3=\begin{bmatrix}(1,0) & (0,0) & (0,0.5) & (0,1) & (0,1)\\(0,0) & (1,0) & (0,0.5) & (0,1) & (0,1)\\(0,0) & (0,0) & (0,1) & (1,1) & (0,1)\\(0,0) & (1,0) & (0,1) & (0,1) & (0,1)\end{bmatrix}
$$

由第三节得到权重矩阵分别为 $\underset{\otimes}{\widetilde{\boldsymbol{A}}}_1$、$\underset{\otimes}{\widetilde{\boldsymbol{A}}}_2$、$\underset{\otimes}{\widetilde{\boldsymbol{A}}}_3$、$\underset{\otimes}{\widetilde{\boldsymbol{A}}}$

计算失效的第二层评判矩阵：

$$
\begin{aligned}
\underset{\otimes}{\widetilde{\boldsymbol{B}}}_1 &= \underset{\otimes}{\widetilde{\boldsymbol{A}}}\circ\underset{\otimes}{\widetilde{\boldsymbol{R}}}\\
&=[(0.4,0.5),(0.453,0.5),(0.425,0.5),(0.025,0.625),(0,1)]
\end{aligned}
$$

$$
\underset{\otimes}{\widetilde{\boldsymbol{B}}}_2 = \underset{\otimes}{\widetilde{\boldsymbol{A}}}\circ\underset{\otimes}{\widetilde{\boldsymbol{R}}}=[(1,0),(0.000\,1,0),(0,0.5),(0,1),(0,1)]
$$

$$
\underset{\otimes}{\widetilde{\boldsymbol{B}}}_3 = \underset{\otimes}{\widetilde{\boldsymbol{A}}}\circ\underset{\otimes}{\widetilde{\boldsymbol{R}}}=[(0.37,0),(0.44,0),(0,0.75),(0.185,1),(0,1)]
$$

由此得出第一层综合评判结果为

$$
\underset{\otimes}{\widetilde{\boldsymbol{R}}}=\begin{bmatrix}(0.4,0.5) & (0.453,0.5) & (0.425,0.5) & (0.025,0.625) & (0,1)\\(1,0) & (0.000\,1,0) & (0,0.5) & (0,1) & (0,1)\\(0.37,0) & (0.44,0) & (0,0.75) & (0.185,1) & (0,1)\end{bmatrix}
$$

$$
\begin{aligned}
\underset{\otimes}{\widetilde{\boldsymbol{C}}}_A &= \underset{\otimes}{\widetilde{\boldsymbol{A}}}\circ\underset{\otimes}{\widetilde{\boldsymbol{R}}}\\
&=[(0.458,0.167),(0.403,0.167),(0.313,0.583),(0.048,0.875),\\
&\quad(0,1)]
\end{aligned}
$$

由此计算该评判结果对应的范数：

$$
\begin{aligned}
H_A &= \{\|x_1\|,\|x_2\|,\|x_3\|,\|x_4\|,\|x_5\|\}\\
&=\{0.951,0.925,0.521,0.134,0\}
\end{aligned}
$$

若发生失效，根据最大隶属原则，可以确定大坝 A 的失效后果属于“极其严重”，“相当严重”比例也较大。

同理，建立大坝 B、C、D、E 的灰色模糊判断矩阵，进行失效后果的灰色模糊综合评估分析，计算结果分别为

$$
\begin{aligned}
\underset{\otimes}{\widetilde{\boldsymbol{C}}}_B &=[(0.582,0.167),(0.526,0.167),(0.190,0.542),\\
&\quad(0.071,0.875),(0,1)]
\end{aligned}
$$

$$\underset{\otimes}{\widetilde{\boldsymbol{C}}_C} = [(0.524, 0.167), (0.497, 0.167), (0.236, 0.583), (0.071, 0.875), (0, 1)]$$

$$\underset{\otimes}{\widetilde{\boldsymbol{C}}_D} = [(0.560, 0.167), (0.463, 0.167), (0.258, 0.583), (0.071, 0.875), (0, 1)]$$

$$\underset{\otimes}{\widetilde{\boldsymbol{C}}_E} = [(0.676, 0.167), (0.439, 0.167), (0.084, 0.625), (0.071, 0.875), (0, 1)]$$

结果对应的范数分别为

$$H_B = \{1.016, 0.985, 0.496, 0.144, 0\}$$
$$H_C = \{0.984, 0.970, 0.479, 0.144, 0\}$$
$$H_D = \{1.003, 0.953, 0.490, 0.144, 0\}$$
$$H_E = \{1.073, 0.942, 0.384, 0.144, 0\}$$

由结果可知，若发生失效，可以确定大坝 B、C、D、E 的失效后果均属于“极其严重”。

由前文方法，可以求得各个大坝在流域梯级坝群系统的综合权重：

$$\omega_{AR} = \{\omega_{AR1}, \omega_{AR2}, \omega_{AR3}, \omega_{AR4}, \omega_{AR5}\} = \{0.252, 0.072, 0.363, 0.187, 0.127\}$$

根据灰色模糊运算模型，得到流域梯级坝群系统的综合评价结果：

$$H = \{0.994, 0.954, 0.481, 0.142, 0\}$$

可以看出，该流域梯级坝群系统整体的失效后果属于“极其严重”，该评价结果与流域梯级坝群系统的实际运行状况以及已有评价结果相符[12]，证明该方法具有一定工程应用价值。

6.5.3 流域梯级坝群失效后果排序的灰色模糊物元分析

根据前文构建的失效后果评估指标体系，计算各个指标的权重，计算结果如表 6.5.1 所示。

表 6.5.1　失效后果评价指标权重统计表

失效损失	评价指标	权重
生命损失	风险人口 c_1	0.092
	洪水严重程度 c_2	0.184
	警报时间 c_3	0.276
	公众对大坝失效的理解程度 c_4	0.184
经济损失	直接经济损失 c_5	0.058
	救灾投入 c_6	0.021
	集体经济损失 c_7	0.019
	个人经济损失 c_8	0.006
社会与环境影响	文物古迹 c_9	0.058
	重要城市 c_{10}	0.047
	动植物及其栖息地 c_{11}	0.029
	污染工业 c_{12}	0.023

结合大坝 A～E 的特征指标值，对各个指标值进行无量纲化后，构建 5 个目标大坝 12 个评估指标的复合模糊灰元 $\tilde{\otimes}\boldsymbol{R}_n^{'m}$，分辨系数 $\rho=0.5$。

$$\tilde{\otimes}\boldsymbol{R}_n^{'m}=\begin{bmatrix} & M_1 & M_2 & M_3 & M_4 & M_5 \\ c_1 & 1 & 0 & 0.833 & 0.333 & 0.417 \\ c_2 & 1 & 1 & 1 & 1 & 1 \\ c_3 & 0 & 0.542 & 0.398 & 0.341 & 1 \\ c_4 & 1 & 1 & 1 & 1 & 1 \\ c_5 & 0.8 & 0.533 & 1 & 0.422 & 0 \\ c_6 & 0.689 & 0.138 & 1 & 0.222 & 0 \\ c_7 & 0.755 & 0 & 1 & 0.245 & 0 \\ c_8 & 0.761 & 0.217 & 1 & 0 & 0.239 \\ c_9 & 1 & 1 & 0 & 1 & 0 \\ c_{10} & 0.167 & 0.167 & 0.583 & 1 & 0 \\ c_{11} & 1 & 1 & 1 & 1 & 1 \\ c_{12} & 1 & 0 & 0 & 0 & 0 \end{bmatrix}$$

求出坝群的12维关联系数复合灰元 $\tilde{\otimes} \boldsymbol{R}_{\xi}$：

$$\tilde{\otimes} \boldsymbol{R}_{\xi} = \begin{bmatrix} & M_1 & M_2 & M_3 & M_4 & M_5 \\ c_1 & 1 & 0.333 & 0.334 & 0.584 & 0.542 \\ c_2 & 0 & 0 & 0 & 0 & 0 \\ c_3 & 0.333 & 0.479 & 0.551 & 0.580 & 1 \\ c_4 & 0 & 0 & 0 & 0 & 0 \\ c_5 & 0.350 & 0.484 & 1 & 0.539 & 0.333 \\ c_6 & 0.406 & 0.681 & 1 & 0.639 & 0.333 \\ c_7 & 0.373 & 0.333 & 1 & 0.628 & 0.333 \\ c_8 & 0.370 & 0.642 & 1 & 0.333 & 0.631 \\ c_9 & 1 & 1 & 0.333 & 1 & 0.333 \\ c_{10} & 0.667 & 0.667 & 0.459 & 1 & 0.333 \\ c_{11} & 0 & 0 & 0 & 0 & 0 \\ c_{12} & 1 & 0.333 & 0.333 & 0.333 & 0.333 \end{bmatrix}$$

结合各个评价指标的权重，得到关联度复合灰元 $\tilde{\otimes} \boldsymbol{R}_{k}$：

$$\tilde{\otimes} \boldsymbol{R}_{k} = \begin{bmatrix} & M^1 & M^2 & M^3 & M^4 & M^5 \\ k_0^j & 0.336 & 0.314 & 0.337 & 0.386 & 0.406 \end{bmatrix}$$

由关联度复合灰元可以看出：$k_0^5 > k_0^4 > k_0^3 > k_0^1 > k_0^2$

关联度复合灰元越大，说明该大坝与最佳事物的关联性越大，与评价标准极值越接近，则失效后果越严重。因此，5座大坝失效后果严重程度排序为：大坝E>大坝D>大坝C>大坝A>大坝B。

上述实例可以看出，灰色模糊综合评价模型在对单个大坝进行失效后果评估基础上，对流域梯级坝群系统整体失效后果评估也具有适用性，而灰色模糊物元分析法对流域梯级坝群系统内大坝的失效后果排序更具优势。

6.6　本章小结

本章在分析失效后果综合评估体系以及相应划分标准的基础上，运用灰色模糊综合评判方法和灰色模糊物元分析方法，研究了流域梯级坝群系统整体失效后果评估方法以及流域梯级坝群失效后果的严重程度排序方法，主要研究内容如下。

（1）分析了大坝失效的生命损失、经济损失和社会与环境影响，研究了各个部分的主要影响因素，在此基础上，拟定了相应的评价指标，确定了失效后果综合评价指标体系；根据我国国情，将失效后果程度分为极其严重、相当严重、严重、一般、轻微五个级别，并结合指标等级划分原则，拟定了失效后果综合评估指标的划分标准。

（2）研究了流域梯级坝群系统失效后果灰色模糊综合评判方法、流域梯级坝群失效后果排序灰色模糊物元分析方法的原理及分析流程，在此基础上，对两种方法优劣进行对比分析，研究结果表明，灰色模糊综合评判方法更适用于流域梯级坝群失效后果的整体评估，而灰色模糊物元分析法对于流域梯级坝群失效后果排序分析更具优势。

（3）结合江西省境内某流域梯级坝群，运用流域梯级坝群失效后果的灰色模糊综合评判方法、失效后果排序的灰色模糊物元分析方法，对该流域梯级坝群系统失效后果进行了综合评估，得到了该流域梯级坝群失效后果的综合评估结果，并对各单个大坝失效后果的严重程度进行了排序。

第七章

流域梯级坝群系统风险综合评估方法

7.1 概述

在风险评估中，除了对风险率进行计算外，还需要对坝群风险进行综合评估，从而了解坝群系统的风险程度和薄弱环节，为风险管理提供理论依据和技术支撑。目前关于失效后果的评估和除险加固的排序方法的相关研究较多，且取得了一批有价值的成果，但关于梯级坝群整体风险评估的研究成果相对较少。

本章首先构建脆弱性评估体系，采用模糊数学中隶属度函数对评估指标进行无量纲处理，结合突变理论选取参数和状态变量，计算整个坝群系统的脆弱性指标值，从而评估流域梯级坝群系统应对风险的能力；在此基础上，从生命损失、经济损失、社会与环境影响三方面对失效后果进行评估，建立"失事风险率—脆弱性—失效后果"三维风险矩阵，依据 ALARP 准则划分风险区域，提出大坝风险综合评估方法，分析流域梯级坝群系统中的薄弱环节，为大坝安全管理部门的科学决策提供依据。

7.2 流域梯级坝群系统脆弱性评估模型

1981 年 Timmerman 在自然灾害领域首次提出脆弱性概念，描述在一定社会、环境背景下系统及其组成要素对某种威胁表现出的易于受到破坏且难以恢复初始状态（结构和功能）的性质。国际灾害学对脆弱性给出以下三种定义[222]：①脆弱性是指承灾体对破坏和伤害的敏感性（UNDRO，1982 年），强调承灾体易于受到损害的性质；②脆弱性是指人类易受或敏感于自然灾害破坏与伤害的状态（Alexander，1993 年），强调人类自身抵御灾害的状态；③脆弱性是指人类、人类活动及其场地的一种性质或状态（Canon，1994 年）的综合定义。目前广泛采用量化随机模型、综合指数法、数据包络分析法、灰色聚类、敏感性分析等方法评估脆弱性。

对于流域梯级坝群，脆弱性是指大坝在面临外界威胁时结构和功能受到破坏的难易程度，是对大坝的安全性、抵御威胁能力和灾后恢复能力的衡量。大坝的脆弱性具有以下几个特征：

① 脆弱性是大坝本身固有的特性，与任何外界因素无关；

② 脆弱性是大坝对外界威胁或风险因素的易感性；

③ 脆弱性由结构、环境、经济等因素共同决定，表现出应对特定威胁发生的固有敏感性及系统的应灾能力。

由前文内容可知，流域梯级坝群系统面临的风险大多无法预知或控制，但管理部门可以通过定量化评估大坝的脆弱性，分析大坝抵抗威胁的能力，从而提高流域梯级坝群系统的风险应对能力。

7.2.1 流域梯级坝群系统脆弱性评估指标体系

7.2.1.1 流域梯级坝群系统脆弱性评估指标

对流域梯级坝群系统的脆弱性进行定量计算和评估之前，首先需要对影响坝群系统脆弱性的因素进行分析，为大坝脆弱性定量化表征提供依据。脆弱性是对坝群系统固有缺陷和薄弱环节的描述，与灾损敏感性、灾害暴露度及应急能力有关。其中，灾损敏感性与系统自身结构有关，表示系统对威胁的敏感程度和受到破坏的难易程度；灾害暴露度强调人员、资源、基础设施以及社会或文化资产等处在可能受到不利影响的位置，是风险影响的最大范围；应灾能力是指管理部门为了避免大坝遭受威胁而采取应对措施的能力，反映其应对威胁的能力和灾后的承受能力。

（1）灾损敏感性

灾损敏感性又称灾害易损度，表示大坝受到外界威胁或者扰动时的受影响程度。大坝实测监测数据能够直观反映其结构运行状态，依据实测信息得出的安全裕度更能真实地反映大坝的工作状态，故取安全裕度 K_β 表征灾损敏感度。安全裕度越小，灾损敏感性越大，受到风险影响后越容易遭受破坏。

$$K_\beta = \frac{[\delta]}{\delta} \tag{7.2.1}$$

式中：δ 为大坝实测数据；$[\delta]$ 为相应测点的警戒指标。

大坝的监测效应量包括变形、渗流等，取变形和渗流效应量安全裕度的最小值作为大坝的安全裕度 K_β。拟定大坝安全监测效应量测点监控指标的方法有置信区间法、典型小概率法和结构分析法等，其中应用最为广泛的是置信区间法。该方法的基本思路是根据以往的观测资料，采用统计理论或有限元计算，建立监测效应量与荷载之间的数学模型，考虑到监测仪器的随机误差，假设实测值序列的测值服从正态分布，则效应量指标满足：

$$[\delta]=\hat{\delta}\pm K\sigma \tag{7.2.2}$$

式中：K 与 α 有关（α 为显著性水平，一般取为 1%～5%）；σ 为 $\hat{\delta}$ 的剩余标准差；$\hat{\delta}$ 为监测数据的预测值，下面以混凝土坝的变形效应量为例进行分析。

混凝土坝的变形效应量受到水压力、扬压力、泥沙压力和温度等多种荷载影响，拟合值 $\hat{\delta}$ 可以分为三个部分：水压分量 δ_H、温度分量 δ_T 和时效分量 δ_θ，即

$$\hat{\delta}=\delta_H+\delta_T+\delta_\theta \tag{7.2.3}$$

① 水压分量

库水压力的作用引起的大坝变形与水头的多项式呈正比，可以表示为

$$\delta_H=\sum_{i=1}^{m_1}a_iH^i \tag{7.2.4}$$

对于重力坝，$m_1=3$；对于拱坝和连拱坝，$m_1=4$ 或 5。

② 温度分量

温度分量是由坝体混凝土和基岩温度变化引起的变形。当坝体和基岩布设足够数量的内部温度计时，其测值可以反映温度场，选用温度计的测值作为因子：

$$\delta_T=\sum_{i}^{m_2}b_iT_i \tag{7.2.5}$$

当坝体和基岩没有布设温度计或只布设了极少量的温度计，只有气温资料时，常选用多周期谐波作为温度因子：

$$\delta_T=\sum_{i=1}^{m_2}\left(b_{1i}\sin\frac{2\pi it}{365}+b_{2i}\cos\frac{2\pi it}{365}\right) \tag{7.2.6}$$

③ 时效分量

时效分量能够综合反映坝体混凝土和基岩徐变、塑性变形以及基岩地质构造的压缩变形，同时还包括坝体裂缝引起的不可逆变形以及自生体积变形，一般

采用对数函数和多项式形式：

$$\delta_\theta = c_1\theta + c_2\ln\theta \tag{7.2.7}$$

因此，混凝土坝的变形统计模型可以采用式(7.2.8)或者式(7.2.9)表示：

$$\hat{\delta} = \sum_{i=1}^{m_1} a_i H^i + \sum_{i}^{m_2} b_i T_i + c_1\theta + c_2\ln\theta \tag{7.2.8}$$

$$\hat{\delta} = \sum_{i=1}^{m_1} a_i H^i + \sum_{i=1}^{m_2}\left(b_{1i}\sin\frac{2\pi it}{365} + b_{2i}\cos\frac{2\pi it}{365}\right) + c_1\theta + c_2\ln\theta \tag{7.2.9}$$

至于混凝土坝渗流监测效应量拟定监控指标的方法与变形相似，有关土坝的变形和渗流监测效应量监控指标拟定方法详见相关文献[223]，本书不再累述。

(2) 灾害暴露度

灾害暴露度是影响大坝脆弱性的重要因素，例如：在其他区域较为安全的大坝，如果暴露于地震频发区域，则脆弱性增加；同理，如果大坝处于人烟稀少地区，则一旦失事，因大坝失效产生的生命损失小，故大坝脆弱性也相对较小。灾害暴露度由受灾人口、经济效益、社会与环境指数三个方面组成。

受灾人口是指大坝下游地区暴露于风险的人口总数，即永久居住或者长时间居住在可以被大坝失效所引发的洪水到达或者淹没的人口，属于物理暴露度。受灾人口 PAR 取决于大坝失效发生时间、洪水淹没范围以及影响范围内人口的分布与活动状态，可以采用以下两种计算方法。

① 人口密度法

$$PAR = \text{单位面积上的人口数量} \times \text{淹没面积} \tag{7.2.10}$$

该方法需要满足以下两个条件：a.假设淹没范围内人口均匀分布；b.需要详尽的人口分布数据。人口密度法通常适用于大中型水库。

② 居民点(居住单元)常住人口累计估算法

$$PAR = \sum_{i=1}^{\text{居民点总数}} \text{居民点的常住人口} \tag{7.2.11}$$

该方法需要查询当地人口统计资料，适用于中小型水库及统计资料丰富的地区。由于其有据可查，故在实际情况中大多使用该方法。

经济效益是指大坝失效后受影响人群或资产的价值，属于经济暴露度。大坝每年的经济效益无法准确计量，而年发电量能够一定程度上代表电站的经济效益，故取电站的装机容量作为经济效益。

大坝下游地区社会与环境的暴露程度同样影响大坝的脆弱性，为表征社会与环境的暴露程度，采用如表 7.2.1 所示的社会与环境暴露指数表示。

表 7.2.1　社会与环境暴露指数

文物古迹	城市	生态环境	暴露指数
世界级文化遗产、艺术珍品	直辖市、省会	濒临灭绝动植物栖息地	(0.8，1]
国家级重点保护文物	地级市、县级市	稀有动植物栖息地	(0.6，0.8]
省级文物	乡镇	较珍贵动植物栖息地	(0.4，0.6]
县级文物	乡村	有价值动植物栖息地	(0.2，0.4]
轻微	散户	一般动植物栖息地	[0，0.2]

(3) 应急能力

应急能力反映大坝管理部门为保障流域梯级坝群免受或少受威胁的影响而采取相应措施的主观能动性，属于应急的非工程措施。如若处理及时，救灾资金充足，应急预案完善，则大坝失事后恢复越快，造成的损失就越小。

应急能力包括基础应急能力和专项应急能力。其中，基础应急能力是指有助于降低灾害对大坝影响的人力、财力资源及物质基础，包括管理部门的指挥协调能力，应急救援队伍的建设，减灾专家组的组建，应急预案的启动时间等；专项应急能力是指针对某种特定灾害的防御而采取的各种抗灾措施力度，包括自然灾害的预报能力和针对性专项抗灾工程的建设。目前，我国已制定《水库防洪应急预案编制导则》、《国家突发公共事件总体应急预案》和《水库大坝安全管理应急预案编制导则》等相应规范以确保事故发生后各级部门的应急管理能力。结合上述规范和地域划分，建立如表 7.2.2 所示的应急能力标准，通过应急能力指数表示管理部门的应急能力大小。

表 7.2.2　应急能力指数分级标准

等级类别	Ⅰ类	Ⅱ类	Ⅲ类	Ⅳ类
城市	省会级城市	地市级城市	县级城市	乡、镇
应急能力	强	较强	较弱	弱
基础应急能力指数	0.8	0.6	0.4	0.2
专项应急能力指数	0.7	0.5	0.3	0.1

综上所述，构建坝群系统脆弱性三层评价指标体系，如图 7.2.1 所示。

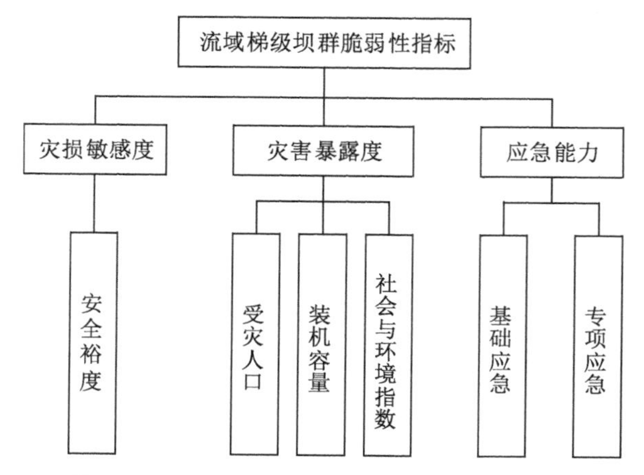

图 7.2.1　流域梯级坝群系统脆弱性评估体系

7.2.1.2　模糊隶属度

前文所述的评价指标在量纲上不同，导致指标之间缺乏公信度。为避免这一问题，采用模糊数学中隶属度函数对指标进行无量纲处理，形成规范化数据。

设在论域 U 上给定一个映射：$A:U\to[0,1]$，$u\to A(u)$，则称 A 为 U 上的模糊集，$A(u)$ 称为 A 的隶属函数(或称为 u 对 A 的隶属度)。

隶属度函数有以下几种常见的分布形式。

(1) 矩形分布

① 偏小型[图 7.2.2(a)]

$$A(x)=\begin{cases}1 & x\leqslant a\\0 & x>a\end{cases}\tag{7.2.12}$$

② 偏大型[图 7.2.2(b)]

$$A(x)=\begin{cases}0 & x<a\\1 & x\geqslant a\end{cases}\tag{7.2.13}$$

③ 中间型[图 7.2.2(c)]

$$A(x)=\begin{cases}0 & x<a\\1 & a\leqslant x<b\\0 & x\geqslant b\end{cases}\tag{7.2.14}$$

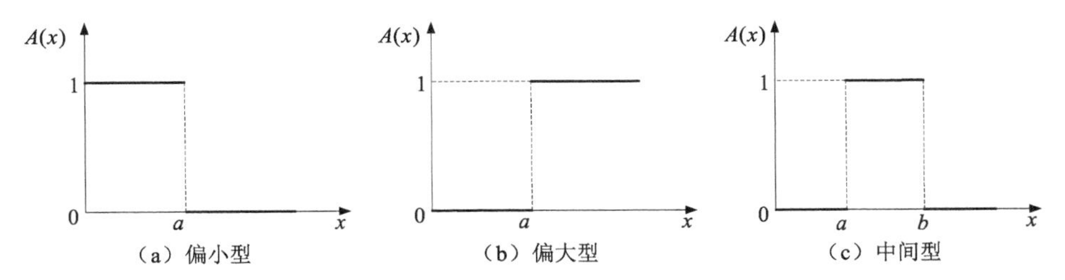

图 7.2.2　矩形隶属度函数分布图

（2）梯形分布

① 偏小型[图 7.2.3(a)]

$$A(x)=\begin{cases}1 & x<a\\ \dfrac{b-x}{b-a} & a\leqslant x\leqslant b\\ 0 & x>b\end{cases}\tag{7.2.15}$$

② 偏大型[图 7.2.3(b)]

$$A(x)=\begin{cases}0 & x<a\\ \dfrac{x-a}{b-a} & a\leqslant x\leqslant b\\ 1 & x>b\end{cases}\tag{7.2.16}$$

③ 中间型[图 7.2.3(c)]

$$A(x)=\begin{cases}0 & x<a\\ \dfrac{x-a}{b-a} & a\leqslant x<b\\ 1 & b\leqslant x<c\\ \dfrac{d-x}{d-c} & c\leqslant x<d\\ 0 & x\geqslant d\end{cases}\tag{7.2.17}$$

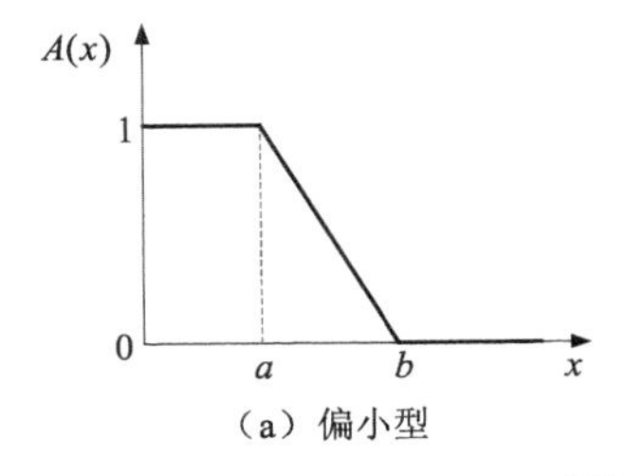

（a）偏小型

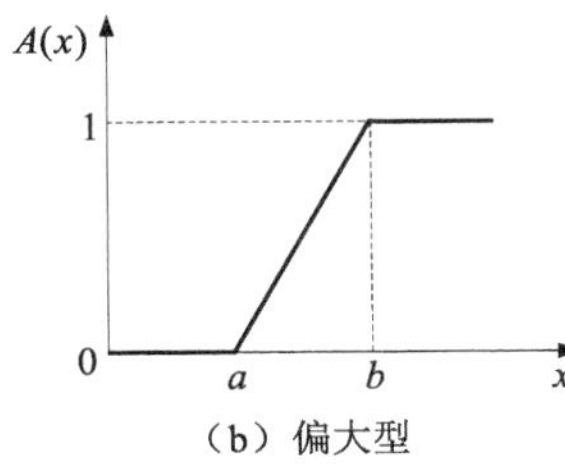

（b）偏大型

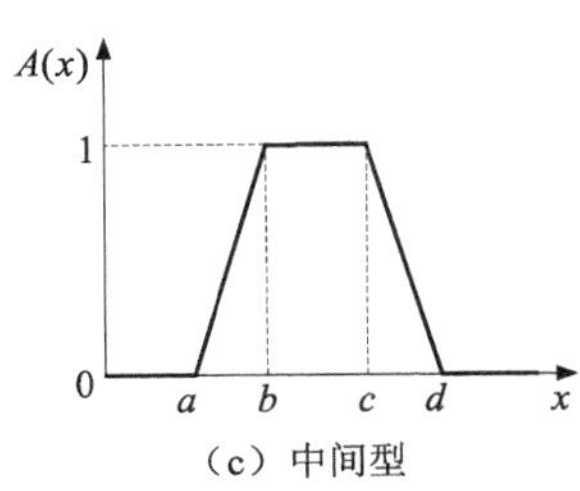

（c）中间型

图 7.2.3　梯形隶属度函数分布图

(3) 抛物型分布

① 偏小型[图 7.2.4(a)]

$$A(x)=\begin{cases} 1 & x<a \\ \left(\dfrac{b-x}{b-a}\right)^k & a\leqslant x<b \\ 0 & x\geqslant b \end{cases} \tag{7.2.18}$$

② 偏大型[图 7.2.4(b)]

$$A(x)=\begin{cases} 0 & x<a \\ \left(\dfrac{x-a}{b-a}\right)^k & a\leqslant x<b \\ 1 & x\geqslant b \end{cases} \tag{7.2.19}$$

③ 中间型[图 7.2.4(c)]

$$A(x)=\begin{cases} 0 & x<a \\ \left(\dfrac{x-a}{b-a}\right)^k & a\leqslant x<b \\ 1 & b\leqslant x<c \\ \left(\dfrac{d-x}{d-c}\right)^k & c\leqslant x<d \\ 0 & x\geqslant d \end{cases} \tag{7.2.20}$$

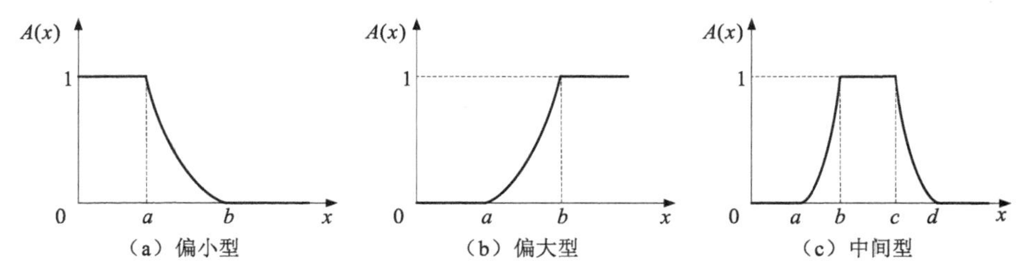

图 7.2.4 抛物型隶属度函数分布图

（4）正态分布

① 偏小型[图7.2.5(a)]

$$A(x)=\begin{cases}1 & x\leqslant a\\ e^{-\left(\frac{x-a}{\sigma}\right)^2} & x>a\end{cases} \tag{4.2.21}$$

② 偏大型[图7.2.5(b)]

$$A(x)=\begin{cases}0 & x<a\\ 1-\mathrm{e}^{-\left(\frac{x-a}{\sigma}\right)^2} & x\geqslant a\end{cases} \tag{4.2.22}$$

③ 中间型[图7.2.5(c)]

$$A(x)=\mathrm{e}^{-\left(\frac{x-a}{\sigma}\right)^2}\quad -\infty<x<+\infty \tag{4.2.23}$$

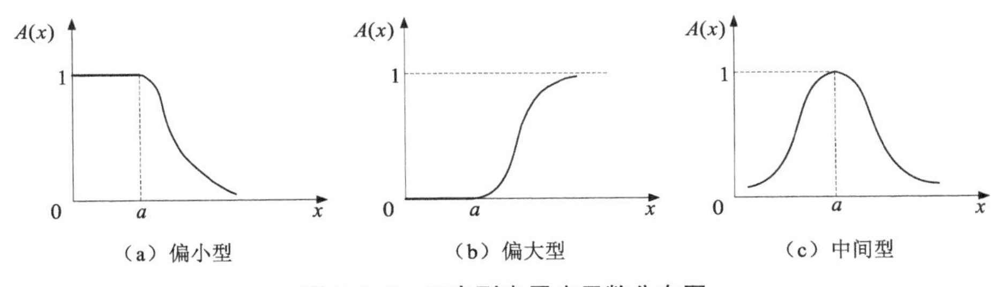

图7.2.5　正态型隶属度函数分布图

由前文可知，流域梯级坝群脆弱性评估体系中指标可以分为两类：①越大越严重型，例如受灾人口 PAR 、装机容量、社会与环境指数，相应的隶属度函数应当选择偏大型；②越小越严重型，例如安全裕度 K_β 、专项应急、基础应急，相应的隶属度函数应当选择偏小型。

7.2.2　流域梯级坝群系统脆弱性评估模型

对于按照一定标准设计、建造和施工的大坝，当面临较小的威胁时，功能状态基本不受影响，但随着威胁不断增加直至到达某一临界点，大坝系统中变量的微小变化也会引发坝群安全运行功能的突变，使得整个坝群系统由正常运行状态进入故障状态甚至失事，即大坝在受到外界威胁时，功能状态的不连续变化是一种突变。因此，可以采用突变理论[224-227]综合评估坝群系统的脆弱性。

7.2.2.1 突变理论

为有效解决非连续变化和突变问题，法国数学家勒内・托姆(René Thom)于 1972 年创立突变理论(Catastrophe Theory)，通过拓扑学、结构稳定性和奇点的数学理论描述和预测事物连续性中断的质变过程。

突变系统包括状态变量 $(x_1, x_2, \cdots, x_n)$ 和控制变量 $(u_1, u_2, \cdots, u_n)$，两者共同决定系统所处的状态，即系统的势函数可以表示如下：

$$F = F(x, u) \tag{7.2.24}$$

则系统的平衡曲面和奇点集分别定义为式(7.2.25)，消去状态变量后在控制变量空间上的投影形成分歧集，当控制变量满足分歧集时，系统将发生突变。

$$\begin{cases} \nabla_x F(x, u) = 0 \\ \nabla_x^2 F(x, u) = 0 \end{cases} \tag{7.2.25}$$

突变理论[228]认为系统状态可能出现的不连续构造数目取决于控制变量的数目。当控制变量不超过 4 个，状态变量不超过 2 个时，突变理论有 7 种初等类型[229]，相应的势函数如表 7.2.3 所示。

表 7.2.3 初等突变类型

突变类型	控制变量维数	状态变量维数	势函数
折叠型	1	1	$F(x_1) = x_1^3 + u_1 x_1$
尖点型	2	1	$F(x_1) = x_1^4 + u_1 x_1^2 + u_2 x_1$
燕尾型	3	1	$F(x_1) = x_1^5 + u_1 x_1^3 + u_2 x_1^2 + u_3 x_1$
椭圆脐点型	3	2	$F(x_1, x_2) = x_1^3 - x_1 x_2^2 + u_3(x_1^2 + x_2^2) + u_1 x_1 + u_2 x_2$
双曲脐点型	3	2	$F(x_1, x_2) = x_1^3 + x_2^3 + u_3 x_1 x_2 + u_1 x_1 + u_2 x_2$
蝴蝶型	4	1	$F(x_1) = x_1^6 + u_4 x_1^4 + u_1 x_1^3 + u_2 x_1^2 + u_3 x_1$
抛物脐点型	4	2	$F(x_1, x_2) = x_2^4 + x_1^2 x_2 + u_3 x_1^2 + u_4 x_2^2 + u_1 x_1 + u_2 x_2$

(1) 尖点突变

尖点突变，又称 Riemann-Hugoniot 点突变，是目前应用最为广泛的突变模型，其模型示意图如图 7.2.6 所示。相空间是由状态变量 x 和控制变量 u、v 构成的三维空间，除了中间的褶皱区域外，系统都是连续平稳变化的。中间的褶皱

区域在 uv 平面上的拓扑映射为分歧区域 $C'E'B'$，即系统的突变区域。

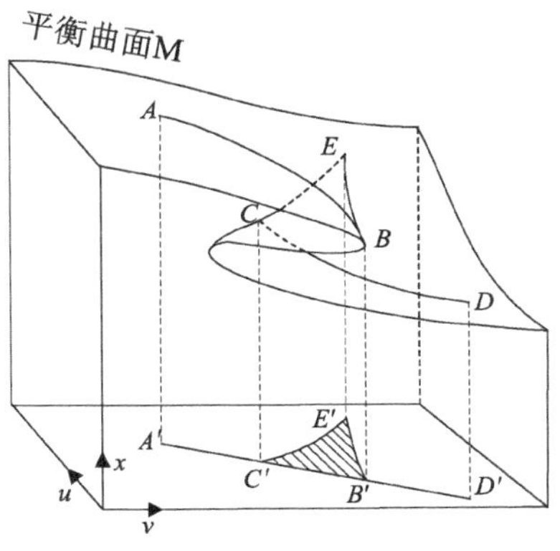

图 7.2.6　尖点突变示意图

尖点突变的势函数表示如下：

$$F(x)=x^4+ux^2+vx \tag{7.2.26}$$

将相应的平衡曲面方程 M 和奇点集方程 S 联立，得到稳定判别式 $\Delta=8u^3+27v^2$，当 $\Delta>0$，系统处于稳定状态；当 $\Delta=0$，系统处于临界平衡状态；当 $\Delta<0$，系统处于失稳状态。

尖点突变的分歧方程为

$$u=-6x^2,\ v=8x^3 \tag{7.2.27}$$

则相应的 x 值为

$$x_u=\sqrt{\frac{u}{-6}},\ x_v=\sqrt[3]{\frac{v}{8}} \tag{7.2.28}$$

由于控制变量的取值范围在 0 至 1 之间，故尖点突变的归一化公式表示如下：

$$x_u=\sqrt{u},\ x_v=\sqrt[3]{v} \tag{7.2.29}$$

(2) 燕尾突变

燕尾突变中控制变量有 3 个，分别为 u、v、w，状态变量有 1 个，为 x，势函数为

$$F(x)=x^5+ux^3+vx^2+wx \tag{7.2.30}$$

平衡曲面方程 M 具有四维超曲面的特征，表示如下：

$$5x^4+3ux^2+2vx+w=0 \tag{7.2.31}$$

相应的奇点集 S 为

$$10x^3+3ux+v=0 \tag{7.2.32}$$

将(7.2.31)和(7.2.32)联立，得到燕尾分歧方程：

$$u = -6x^2,\ v = 8x^3,\ w = -3x^4 \tag{7.2.33}$$

则相应的 x 值为

$$x_u = \sqrt{\frac{u}{-6}},\ x_v = \sqrt[3]{\frac{v}{8}},\ x_w = \sqrt[4]{\frac{w}{-3}} \tag{7.2.34}$$

由于控制变量的取值范围在 0 至 1 之间,故燕尾突变归一化公式表示为

$$x_u = \sqrt{u},\ x_v = \sqrt[3]{v},\ x_w = \sqrt[4]{w} \tag{7.2.35}$$

7.2.2.2 脆弱性估算方法

流域梯级坝群的脆弱性估算包含两个部分:一是结合工程实际情况构建流域梯级坝群脆弱性指标体系;二是采用突变理论求解指标体系中每一层的势函数,进而求得整个坝群系统的脆弱性指标。

首先分析影响坝群系统脆弱性的因素,建立梯级坝群系统脆弱性指标体系,依据指标体系中各要素之间的作用机理,将体系分解成包含多个层次的子系统。由于各指标的意义和量纲不同,需要利用模糊数学的隶属度函数对指标数值进行无量纲处理。

对指标体系中的每一个子系统,选取合适的突变模型计算势函数,其核心是突变势函数中参数和状态变量的选取。可以将评估梯级坝群脆弱性的指标看成参数,并依据指标的相对重要性依次选取参数 u_1, u_2, …, u_n,参数的相对重要性参见表 7.2.4。

表 7.2.4 脆弱性评估体系指标的相对重要性

脆弱性评估体系指标	相对重要性排序
灾损敏感性	安全裕度
灾害暴露度	受灾人口>经济效益>社会与环境指数
应急能力	专项应急>基础应急

依据"互补与非互补原则"选取状态变量:当系统中控制变量之间的相互作用不可替代时,即相互之间不能弥补各自的不足时,选取最小值 $\mathrm{Min}\{x_{u_1}, x_{u_2}, \cdots, x_{u_n}\}$ 作为系统的状态变量 x;当变量可以弥补相互不足时,选取所有变量的均值 $\mathrm{Aver}(x_{u_1} + x_{u_2} + \cdots + x_{u_n})$ 作为系统的状态变量 x。

计算每一个子系统的势函数后,求解评估体系的最顶层——脆弱性指标值,

对照表 7.2.5 进行脆弱性等级评定，脆弱性指标值越大，其应对风险能力越弱。

表 7.2.5　脆弱性等级评判表

脆弱性指标	[0, 0.2]	(0.2, 0.4]	(0.4, 0.6]	(0.6, 0.8]	(0.8, 1]
抵抗风险能力	强	较强	中等	较弱	弱

综上所述，采用突变理论和模糊隶属度进行流域梯级坝群脆弱性评估的具体步骤如下。

步骤 1：依据脆弱性评估系统中各要素之间的作用机理，将系统分解成包含多个层次的子系统，构建流域梯级坝群层次指标体系。

步骤 2：基于模糊数学理论，将底层指标的原始数据按隶属度函数进行处理，得到初始隶属度。

步骤 3：对指标的重要性进行排序，确定控制变量和状态变量的数目，选取合适的突变函数求解上一层指标数值，直至达到顶层的脆弱性指标值。

步骤 4：对流域梯级坝群系统内的所有大坝脆弱性进行排序，脆弱性指标越大，应对风险的能力越弱。

7.3　流域梯级坝群风险综合评估方法

大坝风险评估是指在识别威胁大坝安全运行潜在风险要素的基础上，通过分析失效概率及失效后果，将分析结果与大坝风险标准进行对比，判断现有风险是否能够容忍的过程，在为大坝风险决策提供参考意见和技术支持的同时，有助于实现大坝在服役期内的有序化和标准化管理。传统的风险评估方法包括事故树法、最大熵理论、集对分析法和层次分析法等，随着人工智能和信息技术的迅速发展，许多算法陆续应用到大坝风险的决策与评估上，例如云模型、模糊可拓评估模型、约束型 ME－PP 模型，等等。然而绝大多数的风险评估主要聚焦在大坝失效损失的计算和除险加固的排序上，与风险管理法规和标准联系不紧密，需要进行进一步研究和拓展。

本节在传统失效后果评估方法研究的基础上，引入三维风险矩阵，建立脆弱性、失效后果和失事风险率空间三维坐标，结合相关规范和指南，依据 ALARP 准则划分风险区域，对流域梯级内的每一座大坝匹配相应风险区域，分析各座大坝的安全等级，确定坝群系统的薄弱环节，综合评估坝群风险。

7.3.1 失效后果评估方法

本节从生命损失、经济损失和社会与环境影响三方面评估失效后果。

7.3.1.1 生命损失

生命损失的估算主要受到风险人口(PAR)和警报时间(WT)的影响。

(1) 风险人口

风险人口是指大坝失效洪水淹没范围内影响的人口总数,主要取决于洪水的影响区域、大坝失效时间和人口在洪水淹没范围内的分布状态。风险人口数量的确定通常需要结合人口调查统计数据和地形图,涉及范围广,不确定性因素较多,故难以精确计算。

(2) 大坝失效特性

大坝失效特性由大坝失效发生时间、大坝溃决特点和大坝失效洪水特性三个部分组成。大坝失效发生时间不仅影响预警时间,还影响风险人口的撤离率,例如:若大坝失效发生在白天或者春夏季,则承担风险的人口反应时间较短,撤离速度较快,造成的生命损失相对较少;相反,若大坝失效发生在晚上或者秋冬季,则损失相对较大。溃决特点包括缺口类型、溃决形式、溃口尺寸、溃口扩展过程、下游地形地貌,等等;大坝失效洪水特性包括洪水演进过程、洪水含沙量、溃坝波类型,等等。溃决特点和大坝失效洪水特性是影响大坝失效严重程度的重要因素,大坝失效越严重,生命损失越大。

(3) 警报时间

警报时间是指大坝失效破坏启动撤退警报至下游承受风险的人口撤退之间的时间,是计算生命损失的重要参数,分成以下三类。

① 无警报。媒体或政府部门在大坝失效洪水到来前没有发布官方警报。

② 某种程度警报。媒体或政府部门在大坝失效洪水到来前 25 分钟~1 小时发布官方警报。

③ 充分警报。媒体或政府部门在大坝失效洪水到来 1 小时前发布官方警报。

本书采用美国垦务局 Dekay & McClelland[166] 提出的生命损失经验估算公式,该公式在 Brown 和 Graham 提出的大坝失效生命损失估算方法[230]的基础上结合了多个学者的分析成果,表示如下:

$$X=\begin{cases} PAR^{0.56} & WT<1.5h \\ 0.0002PAR & WT>1.5h \\ 0.5PAR & WT\text{ 极小} \end{cases} \tag{7.3.1}$$

7.3.1.2　经济损失

大坝失效经济损失主要分为直接经济损失 S_D 和间接经济损失 S_I。直接经济损失是指可用货币计量的各类损失，包括水库工程损毁造成的经济损失和大坝失效洪水直接淹没造成的经济损失；间接经济损失是指直接经济损失以外对受灾地区造成的后续经济影响，涉及范围广，内容复杂，计算无明显界限，进行全面精确的定量计算难度较大。

本书采用分类损失率计算直接经济损失，损失率法适用于各类社会固定资产、流动资产，例如：农牧林业、工商企业等资产损失和群众家产、城乡居民房产等财产损失。采用折算系数法计算间接经济损失，该方法分析和挖掘历史事实数据，通过抽样调查，总结间接损失和直接损失之间的关系，并用折算系数表达。经济损失的计算公式表示如下：

$$S=S_D+S_I=\sum_{k=1}^{n}S_{Dk}+\sum_{i=1}^{l}S_{Ii}=\sum_{k=1}^{n}\sum_{i=1}^{m}\sum_{j=1}^{k}\beta_{kij}W_{kij}+\sum_{i=1}^{l}k_iA_i \tag{7.3.2}$$

式中：W_{kij} 为第 k 类第 i 种财产在第 j 类地区的价值；β_{kij} 为第 k 类第 i 种财产在第 j 类地区的损失率；n 为财产类别数；m 为第 i 类财产类别数；k 为风险区类别数；k_i 为第 i 类部门或行业折算系数；A_i 为第 i 类部门或行业的直接经济损失；l 为部门或行业的类别数。

7.3.1.3　社会与环境影响损失

社会影响因素除上文提到的生命损失外，主要包括对国家、社会产生的不安定政治影响，受灾群众的生理或心理创伤，日常生活质量的下降，无法补救的文物古迹、艺术珍品，等等。环境影响因素包括自然环境和人文环境，例如：土壤、水环境的污染，动植物生长栖息地的丧失，自然保护区的损毁，灾后传染性疾病的传播，化工厂、农药厂、核电厂等危险性或污染性工厂的破坏，等等。

关于大坝失效社会与环境影响损失的研究，我国目前仍处于起步阶段，尚未有明确公式定义。本书采用李雷等[12]提出的社会环境影响指数 f 进行判断，计算公式如下：

$$f = N \times C \times I \times h \times R \times l \times L \times P \tag{7.3.3}$$

式中：N 为风险人口系数；C 为重要城市系数；I 为重要设施系数；h 为文物古迹系数；R 为河道形态系数；l 为生物生境系数；L 为人物景观系数；P 为污染工业系数；各系数的取值参见文献[12]。

综上所述，大坝失效后果综合评估指标体系如图 7.3.1 所示。

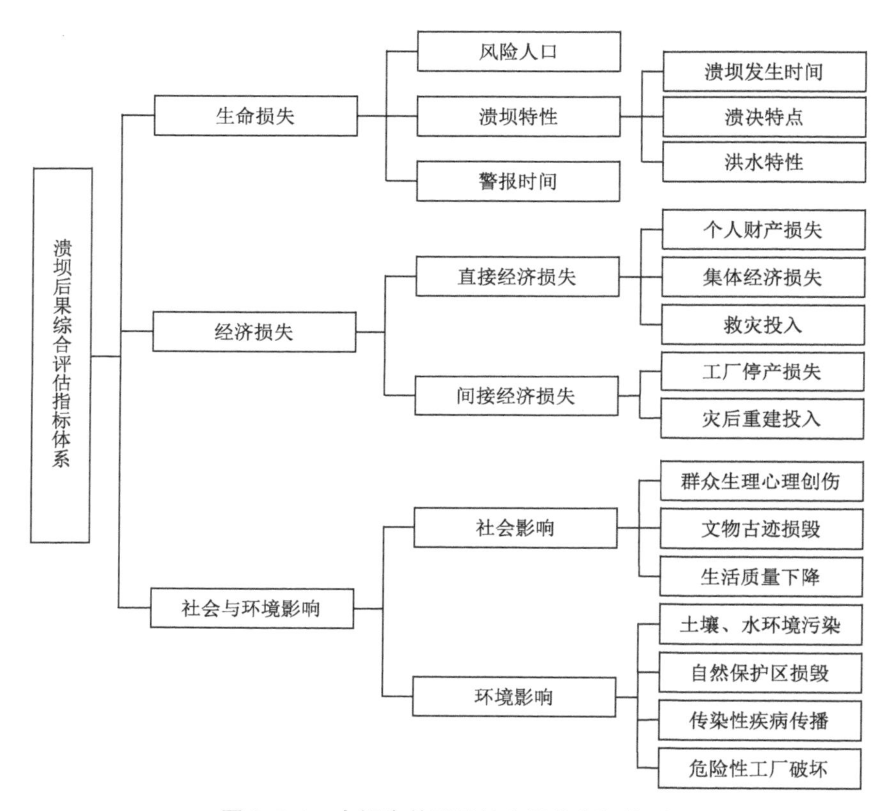

图 7.3.1　大坝失效后果综合评估指标体系

7.3.2　风险矩阵

风险矩阵法是由美国空军电子系统中心（ESC）于 1995 年提出用来评估项目风险程度的方法。该方法将定性与定量相结合，通过专家的主观判断划分风险区域，参考相关文献资料量化风险指标，计算风险指数，匹配风险区域，从而评估风险等级，判断风险是否可以接受，该方法原理简单，便于操作[231-234]。

7.3.2.1　二维风险矩阵

传统的二维风险矩阵将风险发生的可能性和风险的影响程度作为风险指标，建立二维坐标系，依据相关标准对风险指标划分等级梯度，两两组合形成风险单元格，每一个单元格对应一个风险等级，所有单元格的集合即构成风险矩阵，如表7.3.1所示。

表7.3.1　典型二维风险矩阵

可能性	风险影响程度				
	灾难	非常严重	严重	中等	轻微
极高	高	高	高	中	中
高	高	高	中	中	中
中等	高	中	中	中	低
低	中	中	中	低	低
极低	中	中	低	低	低

王丽萍等[235]参考《水库大坝风险评估导则》和《水库大坝安全管理应急预案编制导则》等相关规范，将大坝风险发生的可能性和大坝失效导致的伤亡人数划分为五个等级，组成5×5的风险矩阵，依据风险指数R划分风险区域。

$$R = P \times L \tag{7.3.4}$$

式中：P为风险发生的可能性；L为大坝失效导致的伤亡人数。

目前，ALARP(As Low As Reasonably Practicable)准则[236]是国内外普遍接受的风险判据原则，包括两条风险分界线：可接受风险上限和可接受风险下限。结合ALARP准则将风险矩阵划分为三个区域：风险可接受区（A区）、风险可容忍区（T区，即ALARP区）和风险不可容忍区（NA区），分别对应图7.3.2中的区域；其中：A区不需要采用任何减少风险的措施，T区需要关注服役状况并权衡是否需要采取减少风险的措施，NA区必须立刻采取强制性措施以减少风险。

考虑到风险决策者的主观态度，将二维风险矩阵分成三类：保守型、中立型和冒险型，如图7.3.2所示。保守型矩阵是一种高成本型矩阵，更多的区域划分到风险不可容忍区，较早采取工程措施，相对较安全；中立型矩阵是介于保守型和冒险型之间的矩阵；冒险型矩阵是一种低成本型矩阵，更多的区域划分到风险可接受区，较晚采取工程措施，相对不太安全，可能会造成较严重的后果。

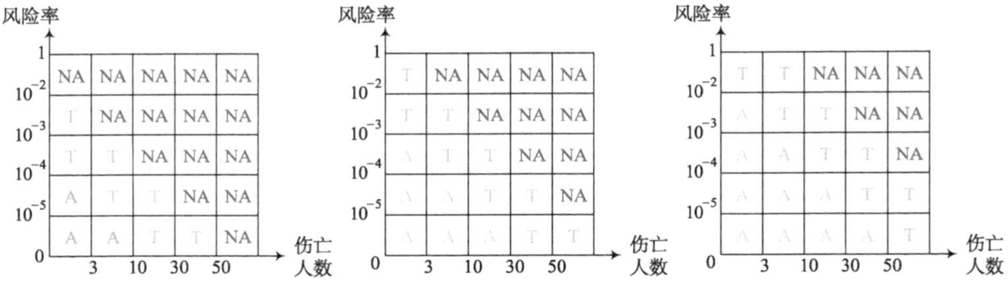

（a）保守型

（b）中立型

（c）冒险型

图 7.3.2　二维风险矩阵

7.3.2.2　三维风险矩阵

基于传统的二维风险矩阵理论，考虑流域梯级坝群体系的脆弱性因素，将风险矩阵从二维拓展到三维，从失事风险率、脆弱性和大坝失效后果三个方面综合评估流域梯级坝群的风险程度[237]，采用如下风险指数 R：

$$R = P \times L \times S \tag{7.3.5}$$

式中：P 为失事风险率，划分等级与二维风险矩阵一致，如表 7.3.2 所示；L 为大坝失效后果综合评价系数；S 为大坝的脆弱性指数，划分等级参考表 7.2.5。

表 7.3.2　大坝失事风险率等级划分

失事可能性	极低	低	中等	高	极高
失事率	$0 \sim 10^{-5}$	$10^{-5} \sim 10^{-4}$	$10^{-4} \sim 10^{-3}$	$10^{-3} \sim 10^{-2}$	$10^{-2} \sim 1$

7.3.1 节研究了大坝失效后果评价指标和方法，由于生命损失、经济损失和社会与环境影响的单位和权重不一样，为综合评估大坝失效后果，引入线性加权法构建的综合评价函数[238]：

$$L = \sum_{i=1}^{3} S_i F_i \tag{7.3.6}$$

式中：L 为大坝失效后果综合评价系数；S_i 为权重系数，比较生命损失、经济损失、社会与环境影响的相对重要性，通过层次分析法（AHP 法）构建判断矩阵 **A** 确定权重系数的大小：$S_1 = 0.737$，$S_2 = 0.105$，$S_3 = 0.158$。

$$\mathbf{A}=\begin{bmatrix}1 & 7 & 14/3\\ 1/7 & 1 & 2/3\\ 3/14 & 3/2 & 1\end{bmatrix} \tag{7.3.7}$$

F_i 为生命损失、经济损失和社会与环境影响严重程度系数，计算公式如下：

$$F_1=\frac{1}{5^{0.1}}(\lg X)^{0.1} \tag{7.3.8}$$

$$F_2=\frac{1}{5^{0.2}}(\lg S)^{0.2} \tag{7.3.9}$$

$$F_3=\frac{1}{4}\lg f \tag{7.3.10}$$

参考《生产安全事故报告和调查处理条例》和《水库大坝风险评估导则》等相关规章、规范，对大坝失效后果严重程度划分等级，见表 7.3.3，相应的大坝失效后果综合评价系数等级见表 7.3.4。

表 7.3.3　大坝风险后果严重程度划分

大坝失效后果严重程度	判断标准		
	生命损失	经济损失(万元)	社会与环境影响
轻微	小于 3 人	小于 7.5	小于 20
中等	3～10	7.5～150	20～25
严重	10～30	150～1 500	25～35
非常严重	30～50	1 500～15 000	35～50
灾难性	大于 50 人	15 000 以上	50 以上

表 7.3.4　大坝失效后果综合评价系数划分等级

大坝失效后果综合评价系数	事故严重程度	大坝失效后果综合评价系数	事故严重程度
$L<0.708$	一般事故	$0.809\leqslant L<0.830$	特别重大事故
$0.708\leqslant L<0.771$	较大事故	$0.830\leqslant L$	灾难性事故
$0.771\leqslant L<0.809$	重大事故		

为细化风险可容忍区域，将风险降低到合理可行的最低水平，通过三条限制线——可接受风险线、可容忍风险线和不可容忍风险线，将风险区域划分成四类区域，如表 7.3.5 所示，风险评估三维风险矩阵示意图如图 7.3.3 所示，图中(a)—(e)为三维风险矩阵自底层至顶层的区域划分。

表 7.3.5　风险区域划分

风险区域	工程措施	风险区域	工程措施
风险可接受区(A 区)	不需要采取任何减少风险的措施	风险可容忍—不可接受区(TNA 区)	关注有无需要采取措施的迹象
风险可接受—可容忍区(TA 区)	基于 ALARP 准则采取措施	风险不可接受区(NA 区)	必须立即采取强制性措施减少风险

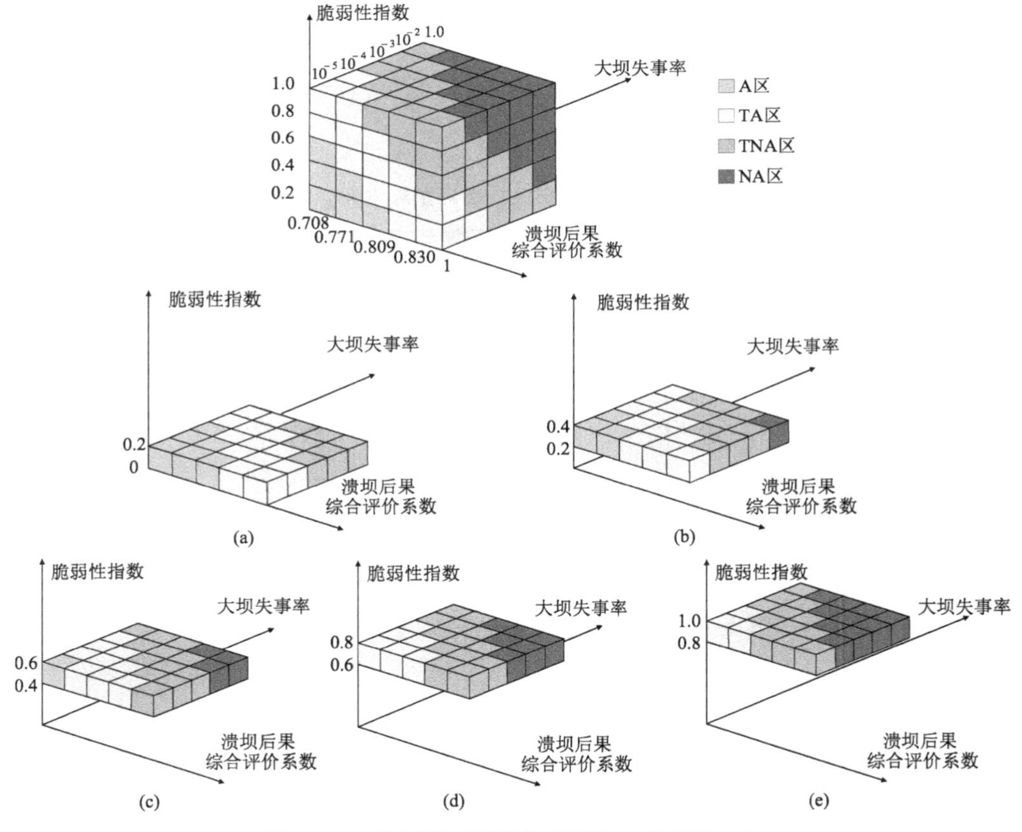

图 7.3.3　流域梯级坝群风险评估三维风险矩阵

7.4 工程实例

7.4.1 工程概况

某梯级大坝坐落在福建省闽江流域，由 A 坝、B 坝、C 坝和 D 坝四个梯级组成，总装机容量 25.9 万 kW，年发电量 10.62 亿 kW·h，以发电为主，兼有防洪、灌溉、养殖等综合利用效益，地理分布如图 7.4.1 所示。

A 坝：混凝土宽缝重力坝，控制流域面积 1 295 km^2，占流域面积的 73%，属于二等建筑物，电站厂房为地下式，分别于 1959 年和 1965 年建成一、二期工程，装机容量 66 MW，总库容 6 417 万 m^3，最大坝高 71.0 m，坝顶全长 412.0 m，由 21 个坝段组成。

B 坝：距 A 坝下游约 6 km 处，钢筋混凝土面板坝，属 3 级建筑物，坝顶高程 261.5 m，最大坝高 43.5 m，坝顶全长 225 m，装机容量 130 MW，总库容 1 885.6 万 m^3，正常蓄水位 129 m，设计洪水位 260.7 m，为日调节水库。

C 坝：钢筋混凝土平板坝，属 3 级建筑物，坝顶高程 137.70 m，最大坝高 43 m，坝顶长 225.0 m，装机容量 33 MW，总库容 1 490 万 m^3，正常蓄水位 131.0 m，设计洪水位 136.7 m，为日调节水库。

D 坝：混凝土重力坝，由 13 个坝段组成，坝顶高程 105.0 m，最大坝高 43.0 m，坝顶长为 234.14 m，装机容量 34 MW，正常蓄水位 100.00 m，设计洪水位 102.20 m。

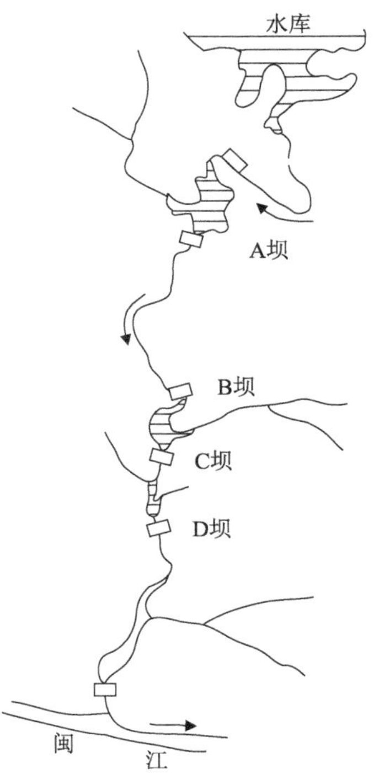

图 7.4.1　某梯级大坝地理分布图

7.4.2 脆弱性估算

对大坝的变形和渗流监测资料建立统计模型后，由式(7.2.1)计算得到四座梯级大坝在正常蓄水位下各效应量的安全裕值，取最小值作为各大坝的安全裕度 K_β，如表 7.4.1 所示。

表 7.4.1 某梯级大坝安全裕度

梯级大坝	A 坝	B 坝	C 坝	D 坝
安全裕度	1.82	4.35	2.38	2.22

以 A 坝为例，结合工程实际情况，选取脆弱性评估指标数值，并采用梯形隶属函数对其进行归一化处理，如表 7.4.2 所示。

表 7.4.2 A 坝脆弱性指标值

脆弱性指标		指标数值	模糊隶属度
灾损敏感度	安全裕度	1.82	0.10
灾害暴露度	受灾人口	67 578 人	0.68
	装机容量	66 MW	0.20
	社会与环境指数	0.4	0.59
应急能力	基础应急	0.4	0.30
	专项应急	0.3	0.28

对于灾损敏感度，选取折叠型突变函数：

$$x_1 = \sqrt{u_1} = \sqrt{0.1} \approx 0.32 \tag{7.4.1}$$

则相应的势函数为

$$F(x_1) = x_1^3 + u_1 x_1 = 0.32^3 + 0.1 \times 0.32 \approx 0.065 \tag{7.4.2}$$

对于灾害暴露度，选取燕尾型突变函数：

$$x_1 = \min(\sqrt{u_1}, \sqrt[3]{u_2}, \sqrt[4]{u_3}) = \min(\sqrt{0.68}, \sqrt[3]{0.2}, \sqrt[4]{0.59}) \approx 0.58 \tag{7.4.3}$$

则相应的势函数为

$$\begin{aligned}F(x_1)&=x_1^5+u_1x_1^3+u_2x_1^2+u_3x_1\\&=0.58^5+0.68\times0.58^3+0.2\times0.58^2+0.59\times0.58\\&\approx0.608\end{aligned}\tag{7.4.4}$$

对于应急能力，选取尖点型突变函数：

$$x_1=\mathrm{aver}(\sqrt{u_1}+\sqrt[3]{u_2})=\mathrm{aver}(\sqrt{0.3}+\sqrt[3]{0.28})\approx0.60\tag{7.4.5}$$

则相应的势函数为

$$\begin{aligned}F(x_1)&=x_1^4+u_1x_1^2+u_2x_1\\&=0.60^4+0.3\times0.60^2+0.28\times0.60\\&\approx0.406\end{aligned}\tag{7.4.6}$$

对于脆弱性指标，选取燕尾型突变函数：

$$\begin{aligned}x_1&=\min(\sqrt{u_1},\sqrt[3]{u_2},\sqrt[4]{u_3})\\&=\min(\sqrt{0.063},\sqrt[3]{0.616},\sqrt[4]{0.414})\approx0.25\end{aligned}\tag{7.4.7}$$

则相应的势函数为

$$\begin{aligned}F(x_1)&=x_1^5+u_1x_1^3+u_2x_1^2+u_3x_1\\&=0.25^5+0.063\times0.25^3+0.616\times0.25^2+0.414\times0.25\\&\approx0.144\end{aligned}\tag{7.4.8}$$

同理可得，B坝、C坝和D坝的脆弱度值分别为0.733，0.559和0.491。

7.4.3　风险综合评估

(1) 计算大坝失效综合评价指数

A坝和B坝位于福建省县级市内，境域面积2 385 km^2，处于福建东北地区交通要地，具有非常重要的地理位置，下游有铁路、公路等重要民用工程和省级文物保护单位——临水宫。C坝和D坝的下游自然和人文景观丰富，具有国家级自然保护区和国内现存最大的古窑址——东桥义由古窑址，坝址附近有重点油茶生产基地、南方杂果基地和陶瓷生产基地等。查阅相关资料，结合文献[93]

建立大坝失效综合评价指数，如表 7.4.3 所示。

表 7.4.3　某梯级大坝失效后果

失效损失	A 坝	B 坝	C 坝	D 坝
生命损失(人)	578	348	28	31
经济损失(亿元)	15	18	1.5	1.4
社会与环境指数	25	28.5	5	3
失效后果综合评价系数	0.814	0.810	0.742	0.735

(2) 计算失效概率

对于单座大坝的独立失效概率，参考《水利水电工程结构可靠性设计统一标准》中的可靠性指标，见表 7.4.4。

表 7.4.4　水工结构持久设计承载能力极限状态目标可靠指标

结构安全级别	Ⅰ级	Ⅱ级	Ⅲ级
第一类破坏	3.7	3.2	2.7
第二类破坏	4.2	3.7	3.2

其中，第一类破坏指缓慢、有可见预兆的破坏；第二类破坏指突发性破坏，无可见预兆，且破坏后修复难度大。对于流域梯级坝群，一旦发生连锁失效，破坏突然且难以修复，因此结构安全级别确定为第二类破坏。

4 座大坝的结构安全级别均属于Ⅱ级，取可靠度为 3.7，则 4 座大坝的独立失效概率 $p^s = 1.08 \times 10^{-4}$。

(3) 判断风险区域

由失事风险率、脆弱性和大坝失效后果综合评价系数判断该梯级大坝在三维风险矩阵中的位置，如图 7.4.2 所示，所属风险区域见表 7.4.5。

表 7.4.5　某梯级大坝风险区域

梯级大坝	A 坝	B 坝	C 坝	D 坝
风险区域	TA 区	TNA 区	TA 区	TA 区

B 坝属于风险可容忍—不可接受区，A 坝、C 坝和 D 坝属于风险可接受—可容忍区，需要定期进行安全检查，结合工程实际判断是否需要采取措施。总体而言，B 坝属于梯级坝群系统中相对较薄弱的环节，需要重点关注；整个梯级坝群

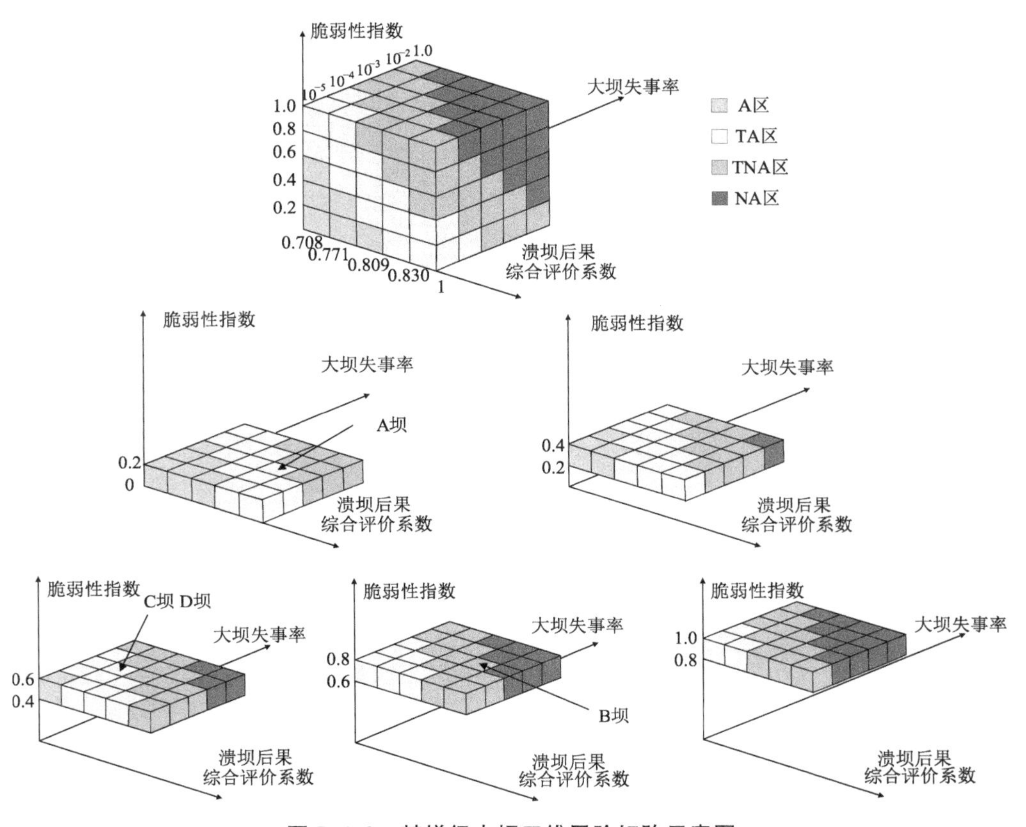

图 7.4.2　某梯级大坝三维风险矩阵示意图

系统风险性较低，较安全。

7.5　本章小结

本章采用脆弱度表征了大坝应对风险的能力，结合相关风险管理法规和标准，在对大坝失效后果评估方法研究的基础上，探讨了综合评估大坝风险程度的方法，主要研究内容及成果如下。

（1）为了评估梯级坝群系统应对风险的能力，引入脆弱性的概念分析了坝群系统脆弱性的影响因素，据此构建了脆弱性评估指标体系。针对评价指标量纲不一致的问题，采用隶属度函数对指标进行了无量纲处理；考虑到风险影响下大坝性态变化的不连续性，基于突变理论提出了脆弱度指标的计算方法。

（2）分析了大坝失效对生命损失、经济损失、社会与环境的影响，研究了各部分的主要影响因素。在此基础上，拟定了相应的评价指标，构建了大坝失效后果综合评价指标体系，并进一步探究了大坝失效后果的综合评估方法。

（3）研究了传统二维风险矩阵构建的原理，考虑到大坝应对风险的能力，将风险矩阵从二维拓展到了三维，建立了“失事风险率-脆弱性-失效后果”三维风险矩阵，结合 ALARP 风险准则和相关规范划分了风险区域，由此实现了对坝群系统风险程度的综合评估。

参考文献

[1] 钮新强. 中国水电工程技术创新实践与新挑战[J]. 人民长江，2015，46(19):13-17.

[2] 钮新强. 大坝安全与安全管理若干重大问题及其对策[J]. 人民长江，2011，42(12):1-5.

[3] 顾冲时，苏怀智，刘何稚. 大坝服役风险分析与管理研究述评[J]. 水利学报，2018，49(1):26-35

[4] 钮新强，杨启贵，谭界雄，等. 水库大坝安全评价[M]. 北京:中国水利水电出版社，2007.

[5] 盛金保，厉丹丹，蔡荨，等. 大坝风险评估与管理关键技术研究进展[J]. 中国科学:技术科学，2018，48(10):1057-1067.

[6] 中华人民共和国水利部. 2018 年全国水利发展统计公报[M]. 北京:中国水利水电出版社，2019.

[7] 彭雪辉，盛金保，李雷，等. 我国水库大坝风险标准制定研究[J]. 水利水运工程学报，2014(4):7-13.

[8] 水电水利规划设计总院. 改革开放四十年中国可再生能源发展成就与展望[M]. 北京:中国电力出版社，2018.

[9] 周建平，杜效鹄，周兴波. "十四五"水电开发形势分析、预测与对策措施[J]. 水电与抽水蓄能，2021，7(1):1-5.

[10] 周建平，钱钢粮. 十三大水电基地的规划及其开发现状[J]. 水利水电施工，2011(1):1-7.

[11] 钮新强. 高面板堆石坝安全与思考[J]. 水力发电学报，2017，36(1):104-111.

[12] 李雷，王仁钟，盛金保，等. 大坝风险评价与风险管理[M]. 北京:中国水利水电出版社. 2006.

[13] 李宗坤，葛巍，王娟，等. 中国大坝安全管理与风险管理的战略思考[J]. 水科学进展，2015(4):589-595.

[14] 河南省水利厅水旱灾害专著编辑委员会. 河南水旱灾害[M]. 郑州：黄河水利出版社，1999.

[15] CAO Z, HUANG W, PENDER G, et al. Even more destructive: cascade dam break floods[J]. Flood Risk Management, 2014, 7(4):357-373.

[16] DUTTA D, HERATH S, MUSIAKE K. A mathematical model for flood loss estimation [J]. Hydrology, 2003, 277(1-2):24-49.

[17] SCAWTHORN C, FLORES P, BLAIS N, et al. HAZUS-MH flood loss estimation methodology II: damage and loss assessment[J]. Natural Hazards Review, 2006, 7: 72-81.

[18] ANCOLD. Guidelines on assessment of the consequences of dam failure[R]. Australian National Committee on Large Hobart, 2000.

[19] BOWLES D S. Portfolio risk assessment: a tool for managing dam safety in the context of the owner's business[C]. ICOLD 20th Congress, 2000.

[20] BOWLES D S, ANDERSON L R, GLOVER T F, et al. Portfolio risk assessment: a tool for safety risk management[C]. Buffalo: Proceedings of the 1998 USCOLD Annual Lecture, 1998.

[21] BOWLES D S, PARSONS A M ANDERSON L R, et al. Portfolio risk assessment of SA water's large dams[C]. AN-COLD(Australian Comittee on Large Dams), 1999.

[22] BOWLES D S. Evaluation and use of risk estimates in dam safety decision making[C]. Santa Barbara: American Society of Civil Engineers, 2000.

[23] BOWLES D S. Advances in the practice and use of portfolio risk assessment[C]. Proceedings of the Australian Committee on Large Dams Annual Meeting, 2001.

[24] HAGEN V K. Re-evaluation of design floods and dam safety[C]. Rio de Janeiro: Proceedings of 14th Congress of International Commission on Large Dams, 1982.

[25] 周庆瑜，刘岩. 国外水库大坝安全监督管理经验借鉴探讨[J]. 中国水利，2015(21): 52-54+45.

[26] TOSUN H, ZORLUER S, ORHAN A, et al. Seismic hazard and total risk analyses for large dams in Euphrates basin, Turkey[J]. Engineering Geology, 2007, 89(1-2): 155-170.

[27] TOSUN H, SEYREK E. Total risk analyses for large dams in Kizilirmak basin, Turkey [J]. Natural Hazards & Earth System Sciences, 2010, 10(5):979-987.

[28] SRIVASTAVA A, SIVAKUMAR BABU G L. Total risk rating and stability analysis of embankment dams in the Kachchh Region, Gu jarat, India[J]. Engineering Geology,

2010，115(1-2):68-79.

[29] 熊瑶，任青文，田英，等. 模糊综合评价法在梯级库群系统安全评价中的应用[J]. 水电能源科学，2015(12):66-69+92.

[30] 傅琼华，段智芳. 群坝风险评估指数排序方法的探讨[J]. 中国水利水电科学研究院学报，2006，4(2):107-110.

[31] 张验科. 综合利用水库调度风险分析理论与方法研究[D]. 保定：华北电力大学，2012.

[32] 周建中，顿晓晗，张勇传. 基于库容风险频率曲线的水库群联合防洪调度研究[J]. 水利学报，2019，50(11):1318-1325.

[33] CHEN J，ZHONG P A，WANG M L，et al. A risk-based model for real-time flood control operation of a cascade reservoir system under emergency conditions[J]. Water，2018，10(2):167.

[34] WANG X L，ZHOU L，SUN R R. Flood risk map analysis based on dam-break simulation[J]. Advanced Materials Research，2012，594-597:1983-1987.

[35] XIA J，LIN B，FALCONER R A，et al. Modelling dam-break flows over mobile beds using a 2D coupled approach[J]. Advances in Water Resources，2010，33(2):171-183.

[36] 严祖文，魏迎奇，张国栋. 病险水库除险加固现状分析及对策[J]. 水利水电技术，2010，10:76-79.

[37] 李浩瑾. 大坝风险分析的若干计算方法研究[D]. 大连：大连理工大学，2012.

[38] 杨国华，李江，王荣鲁，等. 塔河流域在役大中型水库风险评估研究[J]. 水利规划与设计，2020(1):64-68.

[39] 蔡文君. 梯级水库洪灾风险分析理论方法研究[D]. 大连：大连理工大学，2015.

[40] 雷建成，高孟潭，吴健，等. 梯级电站系统的地震危险性评价方法初步研究[J]. 地震学报，2011，33(3):373-385.

[41] 周建平，王浩，陈祖煜，等. 特高坝及其梯级水库群设计安全标准研究Ⅰ:理论基础和等级标准[J]. 水利学报，2015(5):505-514.

[42] 杜效鹄，李斌，陈祖煜，等. 特高坝及其梯级水库群设计安全标准研究Ⅱ:高土石坝坝坡稳定安全系数标准[J]. 水利学报，2015(6):640-649.

[43] 周兴波，陈祖煜，黄跃飞，等. 特高坝及梯级水库群设计安全标准研究Ⅲ:梯级土石坝连溃风险分析[J]. 水利学报，2015(7):765-772.

[44] 徐佳成，杜景灿，周家骢，等. 现行水电行业标准隐存的梯级水库大坝群风险分析[J]. 水力发电学报，2014(5):72-76.

[45] 江新，朱沛文. 大坝群安全应急协同度的动态综合评价[J]. 中国安全科学学报，2015

(8):157-163.

[46] 李超，刘经强，王爱福，等. 小型水库群坝风险指数排序分析方法研究[J]. 山东农业大学学报(自然科学版)，2012(4):564-568.

[47] 李娜，梅亚东，段文辉，等. 基于 Vague 集理论和群决策的大坝病险综合评价方法[J]. 水电自动化与大坝监测，2006(6):65-69.

[48] 王勇飞，吴震宇，张瀚，等. 流域梯级电站群运行安全风险动态评估模型研究[J]. 水力发电，2018，44(5):86-89.

[49] ICOLD. Lessons from dam incidents[R]. Paris: International Commission on Large Dams (ICOLD)，1974.

[50] ICOLD. Deterioration of dams and reservoirs[R]. Paris: International Commission on Large Dams (ICOLD)，1983.

[51] ICOLD. Dam failures statistical analysis[R]. Paris: International Commission on Large Dams (ICOLD)，1995.

[52] USCOLD. Lessons from dam incidents，USA [M]. New York: American Society of Civil Engineers，1975.

[53] USCOLD. Lessons from dam incidents，USA-II [M]. New York: American Society of Civil Engineers，1988.

[54] 张建云，杨正华，蒋金平. 我国水库大坝病险及溃决规律分析[J]. 中国科学:技术科学，2017，47(12):1313-1320.

[55] 李宏恩，马桂珍，王芳，等. 2000—2018 年中国水库溃坝规律分析与对策[J]. 水利水运工程学报，2021(5):101-111.

[56] TODOROVIC P，ZELENHASIC E. A stochasticmodel for flood analysis [J] Water Resources Research，1970，6(6):1641-1648.

[57] TODOROVIC P，ROUSSELLE J. Some problems of flood analysis [J]. Water Resources Research，1971，7(5):1144-1150.

[58] THOMPSON K D，STEDINGER J R，HEATHI D C. Evaluation and presentation of dam failure and flood risks[J]. Journal of Water Resources Planning and Management，1997，123(4):216-227.

[59] BICAK H A，JENKINS G P，OZDEMIRAG A. Water flow risks and stakeholder impacts on the choice of a dam site[J]. Australian Journal of Agricultural and Resource Economics，2002，16(2):257-277.

[60] CHENG S T. Overtopping risk evaluation for an existing dam[D]. Urbana-Champaign: University of Illinois，1982.

[61] GUI S X, ZHANG R D, TURER J P, et al. Probabilistic slope stability analysis with stochastic soil hydraulic conductivity[J]. Journal of geotechnical and geoenvironmental engineering, 2000, 126(1):1-9.
[62] 姜树海. 水库调洪演算的随机数学模型[J]. 水科学进展, 1993, 4(4):294-300.
[63] 姜树海, 范子武. 水库防洪预报调度的风险分析[J]. 水利学报, 2004(11):102-107.
[64] 姜树海. 大坝防洪安全的评估和校核[J]. 水利学报, 1998(1):18-24.
[65] 梅亚东, 谈广明. 大坝防洪安全的风险分析[J]. 武汉大学学报(工学版), 2002, 35(6):11-15.
[66] 谢崇宝, 袁宏源, 郭元裕. 水库防洪全面风险率模型研究[J]. 武汉水利电力大学学报, 1997, 30(2):71-74.
[67] 莫崇勋, 董增川, 麻荣永, 等. "积分一次二阶矩法"在广西澄碧河水库漫坝风险分析中的应用研究[J]. 水力发电学报, 2008, 27(2):44-49.
[68] 许唯临. 梯级库群的连锁溃决[M]. 北京: 中国水利水电出版社, 2013.
[69] LEMPERIERE F. 高度低于30m坝的失事实际教训分析[J]. 大坝与安全, 2000, 14(1):44-51.
[70] 马永锋, 生晓高. 大坝失事原因分析及对策探讨[J]. 人民长江, 2001, 32(10):53-54+99.
[71] 彭进夫, 赖春芳. 对法国马尔帕塞拱坝失事的认识[J]. 西北水电, 2001(3):21-24+48.
[72] 邢林生. 三座大坝溃坝事故的启示[J]. 大坝与安全, 2002(6):53-55+58.
[73] 邓富祥, 余燕飞. 黄龙坑水库垮坝失事的教训与思考[J]. 江西水利科技, 2006, 32(3):133-135.
[74] 陆炳群. 广西水库垮坝失事原因分析探讨[J]. 广西水利水电, 2006(2):73-75+84.
[75] 崔亦昊, 谢定松, 杨凯虹. 分散性土均质土坝渗透破坏性状及溃坝原因[J]. 水利水电技术, 2004, 35(12):42-45.
[76] 刘杰. 八一水库溃坝原因分析[J]. 中国水利水电科学研究院学报, 2004, 2(3):161-166.
[77] 钟登华, 张建设, 曹广晶. 基于AHP的工程项目风险分析方法[J]. 天津大学学报, 2002, 35(2):162-166.
[78] 钟登华, 蔡绍宽, 李玉钦. 基于网络分析法(ANP)的水电工程风险分析及其应用[J]. 水力发电学报, 2008, 27(1):11-17.
[79] 吴中如, 苏怀智, 郭海庆. 重大水利水电病险工程运行风险分析方法[J]. 中国科学: 技术科学, 2008, 38(9):1391-1397.

[80] 马福恒，何心望，吴光耀．土石坝风险预警指标体系研究[J]．岩土工程学报，2008，30(11)：1734-1737.

[81] 周建方，唐椿炎，许智勇．贝叶斯网络在大坝风险分析中的应用[J]．水力发电学报，2010，29(1)：192-196.

[82] 谢赤，张娟，孙柏．大型水电工程造价风险评估及其关键因素识别[J]．水力发电学报，2010，29(3)：63-68+75.

[83] SWAIN A D. Human analysis: need, status, trends and limitations[J]. Reliability Engineering and System Safety, 1990, 29(3): 301-314.

[84] WERMNER W F, HIRANO M, KONDO S, et al. Results and insights from level-1 probabilistic safety assessments for NPPs in France, Germany, Japan, Sweden, Switzerland and the United States[J]. Reliability Engineering and System Safety, 1995, 48(3): 165-185.

[85] 闫放，许开立，姚锡文，等．2009—2013 年国内人因可靠性研究进展[C]//第二届行为安全与安全管理国际学术会议论文集，北京：2015.

[86] 张力．概率安全评价中人因可靠性分析技术[M]．北京：原子能出版社，2006.

[87] SASOU K, REASON J. Team errors: definition and taxonomy[J]. Reliability Engineering and System Safety, 1999, 65(1): 1-9.

[88] ROUSE W B, CANNON-BOWERS J A, SALAS E. The role of mental models in team performance in complex systems[J]. IEEE Transactions on Systems, Man, and Cybernetics Systems, 1992, 22(6): 1296-1308.

[89] 张力，高文宇．人因事故预防与减少综合体系[J]．南华大学学报，2003，12，4(4)：25-28.

[90] 罗晓利．人因(HF)事故与事故征候分类标准及近十二年中国民航 HF 事故与征候的分类统计报告[J]．中国安全学学报，2002，12(5)：55-62.

[91] MANNA G, HOLY J, KUZMINA I. Human reliability analysis in low power and shut-down probabilistic safety assessment: outcomes of an international initiative[J]. Nuclear Technology & Radiation Protection, 2012, 27(2): 189-197.

[92] YI X, DONG H, DONG X, et al. Human reliability analysis method on arm ored vehicle system considering error correction[J]. Journal of Shanghai Jiaotong University (Science), 2016, 21(4): 472-477.

[93] DE AMBROGGI M, TRUCCO P. Modeling and assessment of dependent performance shaping factors through Analytic Network Process[J]. Reliability Engineering & System Safety, 2011, 96(7): 849-860.

[94] HUMPHREYS P. Human reliability assessors guide[S]. RTS 88/95Q，1988.
[95] SASU K，TAKANO K，YOSHIMURA S. Modeling of a team's decision-making process [J]. Safety science，1996，24(1)：13-33.
[96] EMBREY E. SLIM-MAUD：an approach to assessing human error probabilities using structured expert judgement，NUREG/CR - 3518 [R]. Washington D. C.：USNRC，1984.
[97] RASUMUSSEN J. Risk management in a dynamic society：a modeling problem[J]. Safety Science，1997，27(2-3)：183-213.
[98] WILLIAMS J C. A data-based method for assessing and reducing human error to improve operational performance[C]. Monterey：Proceedings of the IEEE Fourth Conference on Human Factors in Nuclear Power Plants，1988.
[99] HOLLNAGELE E. Cognitive reliability and error analysis method [M]. Oxford：Elsevier Science Ltd，1998.
[100] U. S. NRC Technical basis and implementation guidelines for a technique for human event analysis （ATHEANA），NUREG - 1 624 [R]. Washington D. C.：U. S. NRC，2000.
[101] SMIDTS C，SHEN S H，MOSLEH A. The IDA cognitive model for the analysis of nuclear power plant operator response under accident conditions-Part 1：problem solving and decision making model[J]. Reliability Engineering and System Safety，1997，55 (1)：51-71.
[102] CACCIABUE P C，DECORTIS F，DROZDOWICZ B，et al. COSIMO：a cognitive simulation model of human decision making and behavior in accident management of complex plants[J]. IEEE Transactions on Systems，Man，and Cybernetics，1992，22(5)：1058-1074.
[103] CHANG Y H J，MOSLEH A. Cognitive modeling and dynamic probabilistic simulation of operating crew response to complex system accidents-part 3：IDAC operator response model[J]. Reliability Engineering and System Safety，2007，92：1041-1060.
[104] 高文宇，张力. 人因可靠性分析中的概率因果模型[J]. 安全与环境学报，2011(5)：236-240.
[105] 张力. 核电站人因失误分析与防止对策[J]. 核动力工程，1990，11(4)：91-96.
[106] 韩锐. 导弹保障系统人因工程应用研究[J]. 科技信息，2010(7)：34 + 190.
[107] 柴松，余建星，杜尊峰，等. 海洋工程人因可靠性定量分析方法与应用[J]. 天津大学学报，2011，44(10)：914-919.

[108] 王丽莉．矿山事故的人因工程学分析[J]．有色矿冶，2010，26(4)：56-57.
[109] 戢晓峰，刘澜．铁路系统安全的人因研究综述[J]．人类工效学，2007，13(4)：51-54.
[110] 李海峰，李文权，武喜萍．基于全决策树的空管人因可靠性研究[J]．人类工效学，2010，16(2)：34-39.
[111] 郑贤斌．油气长输管道工程人因可靠性分析[J]．石油工业技术监督，2007(6)：21-25.
[112] LI D D，LI L．Suggestion of introducing the human reliability into dam risk analysis[J]．Advanced Materials Research，2010，225-226：395-398.
[113] WANG Q，NING X，YOU J．Advantages of system dynamics approach in managing project risk dynamics[J]．Journal of Fudan University (Natural Science)，2005，44(2)：201-206.
[114] TURNER J R．The handbook of project-based management[M]．London：Mc Graw-Hill，1998.
[115] KHADAROO I．The valuation of risk transfer in UK school public private partnership contracts[J]．British Accounting Review，2014，46(2)：154-165.
[116] SHRESTHA A，CHAN T K，AIBINU A A，et al．Efficient risk transfer in PPP wastewater treatment projects[J]．Utilities Policy，2017，48：132-140.
[117] GUERRA M，CENTENO M L．Are quantile risk measures suitable for risk-transfer decisions[J]．Insurance Mathematics & Economics，2012，50(3)：446-461.
[118] SHEN Y F，SHI X P，VARIAM H M P．Risk transmission mechanism between energy markets：a VAR for var approach[J]．Energy Economics，2018，75(9)：377-388.
[119] 李存斌，王恪诚．网络计划项目风险元传递解析模型研究[J]．中国管理科学，2007，15(3)：108-113.
[120] 李存斌．项目风险元传递理论与应用[M]．北京：中国水利水电出版社，2009.
[121] LI C，LIU T，ZHOU X．The project risk management mode research of construction enterprises[C]．Wuhan：2011 International Conference on Computer and Management，2011.
[122] LI C，ZHANG L．Research on multi-risk element transmission model of enterprise project chain[C]．Xi'an：2009 International Conference on Information Management，Innovation Management and Industrial Engineering，2009.
[123] 张永铮，方滨兴，迟悦，等．用于评估网络信息系统的风险传播模型[J]．软件学报，2007(1)：137-145.
[124] 朱鲲．基于风险能量分析的经济系统风险管理研究[D]．北京：清华大学，2004.
[125] 陆仁强．城市供水系统脆弱性分析及风险评价系统方法研究[D]．天津：天津大

学，2010.

[126] 赵坤. 风电建设项目风险元传递与决策模型及其仿真系统研究[D]. 北京：华北电力大学，2016.

[127] 孙凯. 基于风险元传递理论的智能电网运行诊断和分析[D]. 北京：华北电力大学，2016.

[128] 张志娇，叶脉，张珂. 广东省典型流域突发水污染事件风险评估技术及其应用[J]. 安全与环境学报，2018，18(4)：1532-1537.

[129] 程卫帅，陈进. 基于状态传递分析的堤防体系洪灾风险评估[J]. 地下空间与工程学报，2012，8(S2)：1824-1827+1840.

[130] 聂相田，秦俊芬，王攀科. 基于风险元传递理论的大型引水工程施工风险研究[J]. 华北水利水电学院学报，2012，33(2)：59-61.

[131] 王鑫. 梯级水库的洪水漫坝风险分析计算[J]. 山西水利，2017，33(11)：40-41.

[132] HARTFORD D N，BAECHER G B. Risk and uncertainty in dam safety[M]. Thomas Telford，2004.

[133] FRANCK B M，KRAUTHAMMER T. Development of an expert system for preliminary risk assessment of existing concrete dams[J]. Engineering with Computers，1988，3(3)：137-148.

[134] PATEV R C，PUTCHA C S. Development of fault trees for risk assessment of dam gates and associated operating equipment[J]. International Journal of Modelling & Simulation，2005，25(3)：190-201.

[135] PEYRAS L，ROYET P，BOISSIER D. Dam ageing diagnosis and risk analysis：development of methods to support expert judgment[J]. Canadian Geotechnical Journal，2006，43(2)：169-186.

[136] ZHANG L，OFFRE P R，HE J，et al. Autotrophic ammonia oxidation by soil thaumarchaea[J]. Proceedings of the National Academy of Sciences，2010，107(40)：17240-17245.

[137] 严磊. 大坝运行安全风险分析方法研究[D]. 天津：天津大学，2011.

[138] ZHOU Q，ZHOU J，YANG X，et al. A comprehensive assessment model for severity degree of dam failure impact based on attribute interval recognition theory[J]. Journal of Sichuan University (Engineering Science Edition)，2011，2：9.

[139] ZHANG S R，SUN B，YAN L，et al. Risk identification on hydropower project using the IAHP and extension of TOPSIS methods under interval-valued fuzzy environment [J]. Natural Hazards，2013，65(1)：359-373.

[140] 廖井霞. 基于事件树和贝叶斯网络法的土石坝风险评价研究[D]. 北京：中国水利水电科学研究院，2013.

[141] GOODARZI E, SHUI L T, ZIAEI M. Risk and uncertainty analysis for dam overtopping-case study: the doroudzan dam, Iran[J]. Journal of Hydro-environment Research, 2014, 8(1): 50-61.

[142] 张振伟，申思，彭高辉. 基于灰色置信结构的 FMEA 的土石坝溃坝风险分析及应用[J]. 水力发电，2014，6(4)：61-64.

[143] 黄海鹏. 土石坝服役风险及安全评估方法研究[D]. 南昌：南昌大学，2015.

[144] 葛巍. 土石坝施工与运行风险综合评价[D]. 郑州：郑州大学，2016.

[145] ZHENG X Q, GU C S, QIN D. Dam's risk identification under interval-valued intuitionistic fuzzy environment[J]. Civil Engineering and Environmental Systems, 2016, 32(4): 351-363.

[146] 张华一，张晶晶. 基于脆性风险熵的电力系统连锁故障预测[J]. 电力系统及其自动化学报，2015，27(4)：39-43.

[147] 刘昊，艾欣，邓慧琼. 基于循环完善法和树状结构事故链的电网连锁故障研究[J]. 现代电力，2006(2)：24-29.

[148] 周璟琰. 综合交通枢纽安全风险传递路径研究[D]. 重庆：重庆大学，2019.

[149] 甘国晓. 电力系统连锁故障分析与紧急控制研究[D]. 杭州：浙江大学，2019.

[150] 曾凯文，文劲宇，程时杰，等. 复杂电网连锁故障下的关键线路辨识[J]. 中国电机工程学报，2014，34(7)：1103-1112.

[151] SCHANK R. Dynamic memory: a Cambridge theory of reminding and learning in computers and people[D]. Cambridge: University of Cambridge, 1983.

[152] CORNELL C A. A probability-based structural code[J]. Journal of American Concrete Institute, 1969, 66(12): 974-985.

[153] 夏继昨，张印贵. 水库风险分析方法研究[J]. 中国集体经济，2007(5)：78.

[154] 刘宁. 可靠度随机有限元及其工程应用[M]. 北京：中国水利水电出版社，2001.

[155] U.S. ARMY. Guidelines for risk and uncertainty analysis in water planning[S]. IWR-Report, 1992.

[156] KUO J, YEN B, HSU Y. Risk analysis for dam overtopping: Feitsui reservoir as a case study[J]. Journal of Hydraulic Engineering, 2007, 133(8): 955-963.

[157] ZHANG S, TAN Y. Risk assessment of earth dam overtopping and its application research[J]. Natural Hazards, 2014, 74(2): 717-736.

[158] 王薇. 土石坝安全风险分析方法研究[D]. 天津：天津大学，2011.

[159] 郑雪琴. 大坝运行风险率分析模型研究[D]. 南京：河海大学，2016.
[160] 林鹏智，陈宇. 基于贝叶斯网络的梯级水库群漫坝风险分析[J]. 工程科学与技术，2018，50(3)：46-53.
[161] 任青文，杨印，田英. 基于层次分析法的梯级库群失效概率研究[J]. 水利学报，2014，45(3)：296-303.
[162] 杨印，任青文，王冬梅，等. 基于联系度的梯级库群系统连锁失效模型的建立与应用[J]. 水利学报，2016，47(11)：1442-1448.
[163] 张锐，张双虎，王本德，等. 考虑上游溃坝洪水的水库漫坝失事模糊风险分析[J]. 水利学报，2016，47(4)：509-517.
[164] 席秋义. 水库(群)防洪安全风险率模型和防洪标准研究[D]. 西安：西安理工大学，2006.
[165] 陈淑婧. 梯级土石坝连溃洪水计算模型及小岗剑堰塞湖反演分析[D]. 北京：中国水利水电科学研究院，2018.
[166] DEKAY M L，MCCLELLAND G H. Predicting loss of life in cases of dam failure and flash flood[J]. Risk Analysis，1993，13(2)：193-205.
[167] GRAHAM W J. A procedure for estimating loss of life caused by dam failure[R]. Dam Safety Office，U. S. Bureau of Reclamation Safety，1999：43.
[168] ASSAF H，HARTFORD D N D，CATTANACH J D. Estimating dam breach flood survival probabilities[J]. ANCOLD Bulletin，1997(107)：23-42.
[169] HARTFORD D N D，ASSAF H，KERR I R. The reality of life safety consequence classification[C]. Sudbury：Proccedings of the 1999 Canadian Dam Association，1999.
[170] HELSLOOT I，RUITENBERY A. Citizen response to disaster：a survey of literature and some practical implications[J]. Journal of Contingences and Crisis Management，2004，12(3)：98-112.
[171] LINNEROOTH-BAYER J，MEEHLER R，PFLUG G. Refocusing disaster aid [J] . Science,2005,309(8)：1044-1046.
[172] 周克发.溃坝生命损失分析方法研究[D].南京：南京水利科学研究院,2006.
[173] 王志军,顾冲时,张治军.GIS 支持下基于遗传优化神经网络的溃坝生命损失评估[J]. 武汉大学学报(信息科学版),2010(1)：64-68.
[174] 王志军,顾冲时,娄一青. 基于支持向量机的溃坝生命损失评估模型及应用[J]. 水力发电,2008(1)：67-70.
[175] 杜效鹄,杨健.我国水电站大坝溃坝生命风险标准讨论[J].水力发电,2010(5)：68-70+94.

[176] 王少伟,包腾飞,陈兰.基于模糊物元分析的溃坝生命损失模糊预测模型[J].水电能源科学,2011(8):46-49+45.

[177] 王仁钟,李雷,盛金保.病险水库风险判别标准体系研究[J].水利水电科技进展,2005(5):9-12+71.

[178] 周克发,李雷.基于社会经济发展的溃坝洪水损失动态预测评价模型[J].长江流域资源与环境,2008(S1):145-148.

[179] 刘欣欣,顾圣平,赵一梦,等.修正损失率的溃坝洪水经济损失评估方法研究[J].水利经济,2016(3):36-40+80-81.

[180] 沈照伟,童杨斌,许月萍,等.溃坝洪水经济损失评估研究进展[J].温州大学学报(自然科学版),2012(6):25-31.

[181] 李雷,王仁钟,盛金保.溃坝后果严重程度评价模型研究[J].安全与环境学报,2006(1):1-4.

[182] 何晓燕,孙丹丹,黄金池.大坝溃决社会及环境影响评价[J].岩土工程学报,2008(11):1752-1757.

[183] 张莹.基于能值足迹法的溃坝环境、生态损失评价[D].南京:南京水利科学研究院,2010.

[184] BOWLES D S. A comparison of methods for risk assessment of dams [M]// DUCKSTEIN L, PLATE E J. Engineering reliability and risk in water resources. Springer, 1987: 147-173.

[185] Bowles D S, Anderson L R, Glover T F. Design Level Risk Assessment for Dams [C]. 2010.

[186] PATÉ-CORNELL M E, TAGARAS G. Risk costs for new dams: economic analysis and effects of monitoring[J]. Water Resources Research, 1986, 22(1): 5-14.

[187] 王冰,冯平.梯级水库联合防洪应急调度模式及其风险评估[J].水利学报,2011,42(2):218-225.

[188] IUGS Working Group on Landslides, Committee on Risk Assessment. Quantitative risk assessment for slopes and landslides: the state of the art[C] //CRUDEN D, FELL R. Landslide risk assessment. Rotterdam: Balkema, 1997: 3-12.

[189] GU C S, SONG J T, FANG H T. Analysis model on gradual change principle of effect zones of layer face for rolled control concrete dam [J]. Applied Mathematics and Mechanics(English Edition), 2006, 27(11): 1523-1529.

[190] 李炎隆,王胜乐,王琳,等.流域梯级水库群风险分析研究进展[J].中国科学:技术科学,2021,51(11):1-20.

[191] 方崇惠,段亚辉. 溃坝事件统计分析及其警示[J]. 人民长江,2010(11):96-101.

[192] 姚霄雯,张秀丽,傅春江. 混凝土坝溃坝特点及溃坝模式分析[J]. 水电能源科学,2016(12):83-86+73.

[193] 张士辰,王晓航,厉丹丹,等. 溃坝应急撤离研究与实践综述[J]. 水科学进展,2017(1):140-148.

[194] 中华人民共和国水利部,中华人民共和国国家统计局. 第一次全国水利普查公报[M]. 北京:中国水利水电出版社,2012.

[195] 张建云,杨正华,蒋金平,等. 水库大坝病险和溃坝研究与警示[M]. 北京:科学出版社,2014.

[196] 朱延涛. 梯级坝群风险链式效应及失效概率分析方法研究[D]. 南京:河海大学,2021.

[197] 南京水利科学研究院,水利部大坝安全管理中心. 水库大坝安全评价导则:SL 258—2017[S]. 北京:中国水利水电出版社,2017.

[198] 水利部水利水电规划设计总院,长江勘测规划设计研究有限责任公司. 水利水电工程等级划分及洪水标准:SL 252-2017[S]. 北京:中国水利水电出版社,2017.

[199] WU W W, LEE Y T. Expert systems with applications: developing global managers' competencies using the fuzzy DEMATEL method[J]. Expert Systems with Applications, 2007, 32(2): 499-507.

[200] LIU H C, LIU L, LIU N, et al. Risk evaluation in failure mode and effects analysis with extended VIKOR method under fuzzy environment [J]. Expert Systems with Applications, 2012, 39(17): 12926-12934.

[201] 晏志勇, 王斌, 周建平. 汶川地震灾区大中型水电工程震损调查与分析[M]. 北京: 中国水利水电出版社, 2009.

[202] 牛凯杰, 梁川, 卫仁娟, 等. 基于层次分析综合指数法的大坝震后震损破坏综合评价[J]. 长江科学院院报, 2015, 32(2): 39-43.

[203] 周建平, 杨泽艳, 范俊喜, 等. 汶川地震灾区大中型水电工程震损调查及主要成果[J]. 水力发电, 2009, 35(5): 1-5+20.

[204] ALTAREJOS G L, ESCUDER B I, SERRANO L A. Methodology for estimating the probability of failure by sliding in concrete gravity dams in the context of risk analysis [J]. Structural Safety, 2012, 36-37: 1-13.

[205] CORNELL C A. Structural safety specification based on second-moment reliability analysis[R]. IABSE reports of the working commissions, 1969.

[206] RACKWITZ R, FLESSLER B. Structural reliability under combined random load sequences[J]. Computers and Structures, 1978, 5(9): 489-494.

[207] 赵国藩，金伟良，贡金鑫. 结构可靠度理论[M]. 北京：中国建筑工业出版社，2000.

[208] 李永华. 稳健可靠性理论及优化方法研究[D]. 大连：大连理工大学，2006.

[209] 乔心州. 不确定结构可靠性分析与优化设计研究[D]. 西安：西安电子科技大学，2009.

[210] LIND N C. The design of structural design norms[J]. Journal of Structural Mechanics，1972，1(3)：357-370.

[211] HASOFER A M，LIND N C. Exact and invariant second-moment code format[J]. Journal of the Engineering Mechanics Division，1974，100(1)：111-121.

[212] MEHDI，SARGOLZAEI，GHODRAT，et al. Artificial fish swarm algorithm：a survey of the state-of-the-art，hybridization，combinatorial and indicative applications[J]. Artificial Intelligence Review：An International Science and Engineering Journal，2014，42(4)：965-997.

[213] FANG N，ZHOU J，ZHANG R，et al. A hybrid of real coded genetic algorithm and artificial fish swarm algorithm for short-term optimal hydrothermal scheduling[J]. International Journal of Electrical Power & Energy Systems，2014，62：617-629.

[214] 吴中如. 水工建筑物安全监控理论及其应用[M]. 北京：高等教育出版社，2003.

[215] 中华人民共和国住房和城乡建设部. 工程结构可靠性设计统一标准：GB 50153—2008[S]. 北京：中国建筑工业出版社，2008.

[216] 中国电力企业联合会. 水利水电工程结构可靠性设计统一标准：GB 50199—2013[S]. 北京：中国计划出版社，2013.

[217] YALAOUI A，CHU C，CHATELET E. Reliability allocation problem in a series-parallel system[J]. Reliability Engineering & System Safety，2005，90(1)：55-61.

[218] 杜海东，曹军海，刘福胜，等. 考虑部件失效相关性的 k/N 型系统可用性仿真评估[J]. 系统仿真学报，2019，31(9)：1741-1746.

[219] 唐家银，何平，郑杰，等. 相关性失效 k/N(G)系统结构函数-可靠度计算的等效映射表征[J]. 数理统计与管理，2014，33(4)：682-690.

[220] 顾冲时，苏怀智. 混凝土坝工程长效服役与风险评定研究述评[J]. 水利水电科技进展，2015(5)：1-12.

[221] 顾冲时，汪亚超，彭妍，等. 大坝安全监控模型的病态问题及其处理方法[J]. 中国科学：技术科学，2011(12)：1574-1579.

[222] 葛全胜，皱铭，郑景云. 中国自然灾害风险综合评估初步研究[M]. 北京：科学出版社，2008.

[223] 顾冲时，吴中如. 大坝与坝基安全监控理论和方法及其应用[M]. 南京：河海大学出版

社，2006.

[224] 王雪冬，叶果，李世宇，等. 基于熵值法和突变级数法的泥石流易损度评价[J]. 地质与资源，2019，28(5)：493-496.

[225] 冯平，李绍飞，李建柱. 基于突变理论的地下水环境风险评价[J]. 自然灾害学报. 2008，17(2)：13-18.

[226] 尤荻. 基于突变理论的跨境能源管道脆弱性评价研究[J]. 工业技术经济，2019，38(7)：30-37.

[227] 王阳，施式亮，周荣义，等. 基于突变理论的危化品道路运输系统安全评价[J]. 湖南科技大学学报(自然科学版)，2019，34(4)：29-34.

[228] POSTON T，STEWART I N. Catastrophe theory and its application[J]. Bulletin of Mathematical Biology. 1979，46(2)：615-616.

[229] FORBES G J，HALL F L. The applicability of catastrophe theory in modelling freeway traffic operations[J]. Transportation Research Part A：General，1990，24(5)：335-344.

[230] BROWN C A，GRAHAM M L. Assessing the threat to life from dam failure [J]. Jawra Journal of the American Water Resources Association，1988，6(24)：1303-1309.

[231] 朱启超，匡兴华，沈永平. 风险矩阵方法与应用述评[J]. 中国工程科学，2003(1)：89-94.

[232] 郭彦伟，龚雪晴，杨利明. 基于风险矩阵法的隧道洞口失稳风险评估[J]. 公路交通科技(应用技术版)，2016，8(12)：28-30.

[233] 董艳，李剑峰，王连军，等. 基于风险矩阵法与Borda排序法对某城区突发事件的风险评估研究[J]. 安全与环境学报，2010，10(4)：213-216.

[234] 段永胜，赵继广，陈鹏，等. 一种考虑认知不确定性的风险矩阵分析方法[J]. 中国安全科学学报，2017，27(2)：70-74.

[235] 王丽萍，李宁宁，马皓宇，等. 大坝可接受风险水平确定方法研究[J]. 水力发电学报，2019，38(4)：136-145.

[236] NICHOLS T. Industrial safety in Britain and the 1974 health and safety at work act-the case of manufacturing[J]. International Journal of the Sociology of Law，1990，3(18)：317-342.

[237] LI H P. Hierarchical risk assessment of water supply systems[D]. Loughborough：Loughborough University，2007.

[238] 孙玮玮，李雷. 基于线性加权和法的大坝风险后果综合评价模型[J]. 中国农村水利水电，2011(7)：88-90.